电脑横机操作教程

林光兴　金永良　张国利／编著

中国纺织出版社有限公司

内 容 提 要

本书主要介绍电脑横机的结构和功能,解读机台操作和制版设计的核心方法,概要总结了横机编织产品的质量评价体系。书中对电脑横机的全操作流程提出了理论探索和具体方案。

本书可以作为高等院校纺织工程专业的教材,也可为从事与电脑横机相关的生产和行业管理人员、竞赛组织单位提供借鉴和参考。

图书在版编目(CIP)数据

电脑横机操作教程 / 林光兴,金永良,张国利编著 . -- 北京:中国纺织出版社有限公司,2022.1

ISBN 978-7-5180-8845-4

Ⅰ.①电⋯ Ⅱ.①林⋯ ②金⋯ ③张⋯ Ⅲ.①横机—高等学校—教材 Ⅳ.①TS183.4

中国版本图书馆 CIP 数据核字(2021)第 177463 号

责任编辑:孔会云 沈 靖 责任校对:寇晨晨
责任印制:何 建

中国纺织出版社有限公司出版发行
地址:北京市朝阳区百子湾东里 A407 号楼 邮政编码:100124
销售电话:010—67004422 传真:010—87155801
http://www.c-textilep.com
中国纺织出版社天猫旗舰店
官方微博 http://weibo.com/2119887771
三河市宏盛印务有限公司印刷 各地新华书店经销
2022 年 1 月第 1 版第 1 次印刷
开本:787×1092 1/16 印张:13.75
字数:201 千字 定价:98.00 元
京朝工商广字第 8172 号

横机是针织的主要机型之一。横机的发展经过了两个关键阶段：手工操作横机向电动横机过渡，电动横机向电脑横机过渡。作为纺织机械中智能化进展速度最快的机型之一，横机的机械化、自动化、智能化水平不断提高，对横机操作人员的综合技能和相关理论知识要求越来越高，行业和企业专家随之对横机操作培训教材进行动态研究和不断改进，目的是使教材能够更好地指导生产。

本书的编著者和吴寅杰、于小龙、杨忆秋、朱学良等行业专家组成专家团队，长期进行行业调研，深入研究电脑横机技术进步和智能化发展，系统地掌握了针织电脑横机的操作状况和电脑横机操作过程中需要掌握的要点。在此基础上于 2018 年 11 月编写了《电脑横机操作教程》。本书在企业培训、行业培训和职业技能竞赛的选拔培训中，较好地帮助操作工和参赛选手系统地了解电脑横机相关专业知识、掌握基本操作技能及生产工艺。

根据行业试用提出的意见和建议，从体现设备的先进性、操作的引导性出发，本教程的编写思路为：围绕"操作"这个核心，突出知识、技能的点与面相结合，突出原理的阐述与操作的解读相结合，突出模块化与体系化相结合，为今后横机操作方面具有针对性、系统性教材的编写提供参考。本书对横机主要结构与重点调试、生产基本操作与文件管理，以及成品制版设计、织物质量评价等横机操作的主要环节进行核心归纳，对电脑横机的全操作流程提出了理论探索和具体方案。

福建睿能科技股份有限公司、江苏金龙科技股份有限公司为本书的编写做了大量卓有成效的工作，许多横机织造企业和一些相关职业院校为本书的编写提供了支持。

衷心感谢为本书的出版做出贡献的业界同人，希望广大读者对本书中的疏漏与不足提出宝贵意见。

林光兴

2020 年 10 月 1 日

第一章　针织基础知识

第一节　针织基本知识

一、针织基本概念

1. 针织的基本定义

针织是利用织针将纱线弯曲成线圈，并使线圈相互串套起来形成织物的一门工艺技术。根据成圈过程和工艺特点的不同，针织可分为纬编、经编两大类。在纬编中，纱线沿纬向喂入织针进行编织，形成针织物，如图 1-1-1 所示。在经编中，纱线沿经向垫放在织针上进行编织，形成针织物，如图 1-1-2 所示。采用横机编织的针织物属于纬编针织物。

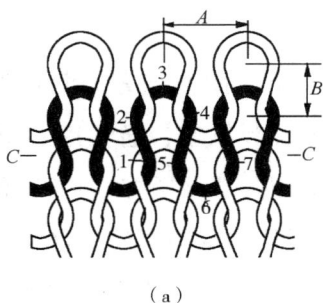

图 1-1-1　纬编线圈结构图　　　　　　　　图 1-1-2　经编线圈结构图

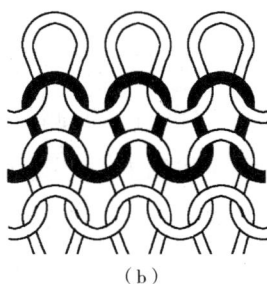

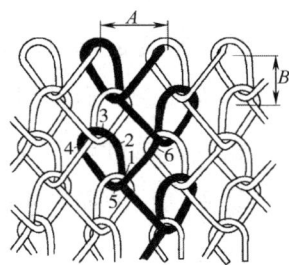

2. 线圈结构基本特征

线圈是组成针织物的基本结构单元，纬编线圈结构图如图 1-1-1 所示。在纬编针织物中，线圈由两个圈柱（1—2，4—5）、一个针编弧（2—3—4）和一个沉降弧（5—6—7）组成，圈柱和针编弧统称为圈干。外观上，线圈有正反面之分，线圈圈柱覆盖在前一线圈针编弧之上的一面，称为正面线圈，如图 1-1-1（a）所示；针编弧覆盖在前一线圈圈柱之上的一面，称为反面线圈，如图 1-1-1（b）所示。在针织物中，线圈沿织物横向组成的一行称为线圈横列，沿纵向相互串套形成的一列称为线圈纵行。在线圈横列方向上，两个相邻线圈对应点之间的距离称为圈距，一般用 A 表示；在线圈纵行方向上，两个相邻线圈对应点之间的距离称为圈高，一般用 B 表示。

3. 针织物单双面

针织物可分为单面针织物和双面针织物。单面针织物通常是指用单针床编织的织物，双面针织物通常是指用双针床编织的织物。

二、针织物的物理指标及特性

（一）针织物的主要物理指标

1. 线圈长度

线圈长度是指形成一个单元线圈所需要的纱线长度，即图 1-1-1 中 1—2—3—4—5—6—7 所对应的纱线长度，通常以毫米（mm）为单位。可根据线圈在平面上的投影近似地计算得到理论线圈长度，也可用拆散的方法测得组成一只线圈的实际纱线长度，还可以在编织时用仪器直接测量喂入每只针上的纱线长度。

线圈长度不仅决定了针织物的密度，而且对针织物的脱散性、延伸性、耐磨性、弹性、强力、起毛起球性和勾丝性等也有重大影响，故为针织物的一项重要指标。

2. 线圈密度

线圈密度是指规定长度内（10cm）的线圈横列或纵行。沿线圈横列方向测量的密度称为横密，通常用 P_A 表示；沿线圈纵行方向测量的密度称为纵密，通常用 P_B 表示。密度是横机产品设计、生产与品质控制的一项重要指标。由于针织物在加工过程中容易受到拉伸而产生变形，因此对某一针织物来说其状态不是固定不变的，这将影响实测密度的客观性，因而在测量针织物密度前，应将试样进行松弛，使之达到平衡状态，如此测得的密度才具有实际可比性。

在电脑横机上，密度的调节是通过机头上的密度电动机由程序控制来完成的。

横向密度 P_A 与纵向密度 P_B 的比值称为密度对比系数 C，即：

$$C = \frac{B}{A} = \frac{P_A}{P_B}$$

表示针织物线圈纵横向的比例关系，在工艺上具有重要意义。对某种特定原料和组织结构的织物，在平衡状态下织物中的线圈都有一个稳定的形态，因此也就有一个稳定状态下的密度对比系数，此时织物的变形最小。密度对比系数与线圈长度、纱线线密度和纱线性质等因素有关。一般单面羊毛衫织物 C 取 $0.6\sim0.8$。

也有用 $C=\dfrac{A}{B}$ 表示密度对比系数。

3. 编织密度系数

不同粗细的纱线，在线圈长度和密度相同的情况下，所编织织物的稀密程度是有差异的，因此引入了编织密度系数的指标。

针织物的编织密度系数 CF 又称覆盖系数，它反映了纱线线密度与线圈长度之间的关系，可用下式表示：

$$CF = \frac{\sqrt{\mathrm{Tt}}}{l}$$

式中：l——线圈长度，mm；

$\quad$ Tt——纱线线密度，tex。

在国际羊毛局制定的纯羊毛标志标准中，纯羊毛纬平针织物的编织密度系数 $\geqslant 1$。编织密度系数因原料和织物结构不同而不同，但一般都在 1.5 左右。织物的编织密度系数越大，织物越密实；编织密度系数越小，织物越稀松。

4. 缩率

缩率反映了针织物在加工或使用过程中长度和宽度的变化情况，它可由下式求得：

$$Y = \frac{H_1 - H_2}{H_1} \times 100\%$$

式中：Y——针织物缩率；

$\quad H_1$——针织物在加工或使用前的尺寸；

$\quad H_2$——针织物在加工或使用后的尺寸。

缩率可为正值和负值。生产中测定和控制的主要有下机、染整、水洗缩率以及在给定时间内弛缓回复过程的缩率等。

影响针织物缩率的主要因素有织物结构、未充满系数、密度和密度对比系数、加工条件以及放置条件等。

（二）针织物的主要特性

1. 脱散性

针织物中纱线断裂或线圈失去串套联系后，线圈与线圈分离的现象称为织物的脱散性。脱散性与面料使用的原料种类、纱线的摩擦系数、组织结构、织物的未充满系数和纱线的抗弯刚度等因素有关。单面纬平针组织脱散性较大，提花织物、双面织物、经编织物的脱散性较小或不脱散。

2. 卷边性

某些针织物在自由状态下，其布边发生包卷的现象称为卷边。这是由线圈中弯曲线段所具有的内应力，力图使线段伸直所引起的。卷边性与针织面料的组织结构、纱线捻度、组织密度和线圈长度等因素有关。一般单面针织物的卷边性比较严重，且密度越紧卷边越严重。通常双面针织物没有卷边性。

3. 延伸性和弹性

织物受到外力拉伸时伸长的特性称为延伸性，针织物有横向与纵向、单向与双向延伸的特性。当引起织物变形的外力去除后，针织物形状回复的能力称为弹性。针织物的结构使其具有较大的延伸性和弹性。

4. 勾丝和起毛起球

针织物在穿着、使用和洗涤过程中经常经受摩擦，织物表面的纤维端就会露在表面，使织物表面起毛。如果这些起毛的纤维端在以后的穿着中不能及时脱落，就会相互纠缠在一起被揉成许多球状小粒，称为起球。影响起毛起球的因素主要可归纳为：使用的原料的性质，纱线与织物的结构，染整加工及产品的服用条件等。

三、针织常用原料

（一）纺织纤维

纤维通常是指长径比在 10^3 倍以上、粗细在微米甚至达纳米尺度的柔软细长体。

1. 天然纤维与化学纤维

（1）天然纤维：从自然界直接获取的纤维称为天然纤维，常见的有棉、麻、毛和丝。常用的麻纤维有亚麻和苎麻两种；毛常用的种类很多，如羊毛、兔毛和驼毛等；丝包括桑蚕丝和柞蚕丝等。

（2）化学纤维：由人工合成的纤维称为化学纤维，化学纤维又可分为再生纤维和合成纤维两类。再生纤维是以自然界已经存在的高分子物质作为原料，经过化学合成而制得的纤维。合成纤维是以人工合成的高分子化合物为原料制成的纤维。

2. 常用天然纤维

（1）毛纤维：横机加工使用大量的毛类纤维纱线。羊毛（绵羊毛为主）应用最多，纤维长度在 45～60mm，有天然卷曲，蓬松，表面有鳞片，耐酸，不耐碱，缩绒性是羊毛纤维特有性能；吸湿性好，吸湿性是所有纺织纤维中最强的，回潮率达 16%；具有弹性好、保暖性好、不易沾污、光泽柔和的特点；其针织产品手感滑糯、蓬松、身骨丰厚。羊毛纱有纯羊毛纱线和羊毛与其他原料混纺的纱线，使用最多的是羊毛与腈纶混纺的纱线。羊毛纱以精纺纱为主，可以制作高支高档产品。丝光羊毛使用化学方法去除羊毛表面鳞片，使纱线变得光滑柔软，可用于编织凉爽感的机可洗产品。通过羊毛拉细工艺可以降低羊毛纤维的细度，使其具有羊绒的手感和风格。此外，雪兰毛、马海毛和兔毛等也有所应用，可生产具有外观华丽、手感滑爽、挺括而富有弹性、蓬松、吸湿等特点的织物。各种绒类毛纤维也在横机生产有所应用，其中羊绒产品最为华贵。

（2）棉纤维：棉属于种子纤维，主要有细绒棉、长绒棉、粗绒棉和草棉四个品种。纤维长度在 15～31mm，纵向呈具有转曲的带状，截面呈腰圆，耐碱，不耐酸，吸湿性较好，回潮率为 8%，手感柔软，无静电现象，排汗性较好，无起球。除了纯棉产品外，它还常与其他化学纤维混纺或与氨纶等交织，以改变其强度、尺寸稳定性和弹性。棉纤维在横机上的应用逐渐增加，彩棉纤维在电脑横机上编织的高档衫裤是一种时尚。

（3）丝纤维：常采用桑蚕丝和柞蚕丝。大部分生丝的横截面呈椭圆形，长度较长；不耐酸、碱和盐；吸湿性高，吸收散发水分迅速，具有强伸度好、纤维细而柔软、平滑、富有弹性、光泽好、吸湿性好等特点。针织常用的天然蚕丝包括柞蚕丝和桑蚕丝，以绢丝为多，可以纯纺，也可以与其他原料混纺生产丝绒、丝棉和丝麻类产品。丝针织品具有轻薄柔软、手感丰满、吸湿透气等优点，由于它含有多种氨基酸，也是一种天然的护肤保健纤维原料。

（4）麻纤维：麻纤维长度从几厘米到几十厘米不等，呈圆筒形或扁平带状，没有明显扭曲；不耐酸，强度高，伸长率低，纤维硬挺，刚性大。应用较多的是苎麻和亚麻，大麻和罗布麻也逐渐被开发和应用。麻类产品具有滑爽、挺括、吸湿放湿快、穿着凉爽等特点，大麻和罗布麻还具有一定的保健和卫生功能。但因麻纤维一般刚度较大，不易弯曲，纱线需要进行改性和柔软处理，或与其他纤维混纺，否则不仅不易编织，贴身穿着时还会有刺痒的感觉。

3. 常用化学纤维

横机应用较多的化学纤维是腈纶、锦纶、涤纶和氨纶。腈纶蓬松，手感柔软，特别是经过膨体加工成的膨体纱，性质与天然羊毛相近并具有优良的保暖性能，可作为纯纺和混纺原料；腈纶以短纤维为主，可以纯纺，也可以与羊毛或其他纤维混纺；耐酸，但耐碱性稍差，在浓碱作用下纤维会受到破坏；弹性较好，优于化学纤维和棉、麻，但比羊毛差。锦纶具有很好的耐磨性、弹性和吸湿性，可以与羊绒混纺生产羊绒类产品。涤纶耐酸不耐强碱，强度高，耐磨性好，浸湿状态下强度不会改变；吸湿性很差，几乎是所有纤维中回潮率最小的，容易吸油，易产生静电，易起毛起球，耐光性好；涤纶面料抗皱性和保形性好，挺括不皱，尺寸稳定，易洗快干。

再生纤维包括再生纤维素纤维和再生蛋白质纤维。一些新型的再生纤维素纤维如天丝、莫代尔、竹纤维等因具有优良的服用性能，如吸湿性、透气性或抗菌性等，经常被用于与传统的针织原料混纺生产高附加值的产品。新型再生蛋白质纤维如大豆蛋白纤维、牛奶纤维和蛹蛋白纤维等也因其良好的功能性在针织产品中得到应用。

（二）纱线按结构分类

纱线按结构可分为单纱、股线、单丝、复丝和包覆纱。

（1）单纱：只有一股纤维束捻合的纱，针织常用的是 Z 捻纱，如 32 英支棉，即一根 32 英支棉纱。

（2）股线：两根或两根以上的单纱捻合而成的线，通常股纱是 S 捻，横机类针织品常用股线。如 26 公支/2 毛，即两根 26 公支毛纱合成一股线。

（3）单丝：化纤喷丝头中的一个单孔形成的单根长丝。如 20 旦氨纶，即一根 20 旦氨纶。

（4）复丝：由两根或两根以上的单丝合在一起。如 100 旦/48f 涤纶，即一束 100 旦的涤纶由 48 根单丝组成。复丝在横机类产品生产中常用于做废纱。

（5）包覆纱：以长丝或短纤维为纱芯，外包另一种长丝或短纤维纱条，如 2070，即 70 旦锦纶包覆 20 旦氨纶，包覆纱常在编织领罗纹、袖罗纹、下摆罗纹及起头纱时使用。

四、针织用纱评价与要求

（一）用纱的要求

为保证编织进行及产品质量，针织用纱的基本要求如下。

（1）强度和延伸性：织造过程中纱线受持续张力和反复载荷，针织用纱必须具有一定强度。编织成圈过程中，纱线受到弯曲和扭转变形，因此需要具有一定延伸性。

（2）线密度均匀：线密度要均衡，条干均匀，纱疵少。条干均匀利于线圈结构均匀，布面清晰。纱上有粗节和细节会造成编织时断纱或影响到布面均匀度；纱上有粗节编织不能顺利通过，损伤机件，形成"横条""云斑"；细节加剧各路之间的条纹差异。

（3）捻度较低且均匀：捻度过大，纱线柔软性就差，不易被弯曲，还容易扭结，影响成圈，而且纱线硬，使线圈产生歪斜，纱线需经打蜡。

（4）柔软性：抗弯刚度低，易于弯曲，硬挺纱线难以弯曲成线圈，或弯纱成圈后线圈易变形，不利于线圈均匀、布面外观清晰，减少对机件损伤。

（5）吸湿性：吸湿性好的纱线，导电性能好，也有利于纱线捻回的稳定和延伸性的提高，具备良好编织性。

（6）较小摩擦系数：纱线与多种机件摩擦，做相对滑动，使纱线受到一定的阻力，从而产生纱线张力。表面粗糙的纱线产生较高的纱线张力，易造成成圈过程纱线断裂，飞花不利于生产。为减少纱线摩擦系数，可对纱线表面进行润滑、蜡处理或抗静处理。

（二）常见纱线细度指标

1. 定长制

特克斯（tex）：1000m 长纱线在公定回潮率下所具有的质量克数，多用于纯棉、涤/棉混纺等短纤类纱线产品。

分特（dtex）：10000m 长纱线在公定回潮率下所具有的质量克数。当 tex、dtex 数值越高，纱线越粗；反之越细。其多用于涤纶、锦纶等长丝类产品。

旦尼尔（N_D）：在公定回潮率条件下，9000m 长的长丝所具有的质量克数。（N_D）数值越高，纱线越粗；反之越细。其多用于纯涤、氨纶、真丝等长丝类产品。

2. 定重制

英制支数：也称英支（N_e 或 S），定义为在公定回潮率条件下，1 磅重纱线所具有长度的 840 码倍数。例如，1 磅重的纱线有 32 个 840 码，即为 32 英支。其多用于纯棉、涤/棉混纺等短纤类纱线产品，数值越高纱线越细。

公制支数：也称公支（N_m），定义为在公定回潮率条件下，1g 重纱线长度所具有的长度的米数。例如，1000g 重的纱线有 60 个 1000m，即为 60 公支。其多用于毛和麻类产品，数值越高纱线越细。

3. 纱线细度指标之间换算

公定回潮率相同时：

$$N_e = 0.59 N_m$$

$$Tt = 1000/N_m$$

$$N_D = 9tex$$

$$N_D = 0.9dtex$$

(三) 纱线评价指标

1. 纱线强度

纱线强度是指纱线承受拉力的指标，有绝对强力与相对强度。常用的有断裂强力和断裂强度。

（1）断裂强力：简称强力，又称绝对强力。它是指纱线能够承受的最大拉伸外力，或受外界直接拉伸到断裂时所需的力，基础单位为牛顿（N），衍生单位有 cN（厘牛）、gf（克力）等。断裂强力与纱线的粗细有关，所以对不同粗细的纱线，断裂强力没有可比性。

（2）断裂强度：又称相对强度。它是指每特克斯（或每旦尼尔）纱线所能承受的最大拉力，单位为 N/tex（或 N/旦）。

2. 纱线断裂伸长

纱线断裂伸长率：纤维断裂时的伸长与其初始长度之比，以百分率表示，表示纱线承受最大负荷时的伸长变形能力。它是表征纱线柔软性能和弹性的指标。计算式如下：

$$\varepsilon_{p} = \frac{L_{a} - L_{0}}{L_{0}} \times 100\%$$

式中：ε_{p}——纱线的断裂伸长率，%；

L_{0}——纱线加预张力伸直后的长度，mm；

L_{a}——纱线断裂时的长度，mm。

3. 纱线捻度

当纱线的一端被握持，另一端绕其轴线做相对回转的过程，称为加捻。单位长度的纱线所具有的捻回数称为捻度，它只能表示相同粗细纱线的加捻程度。纱线的两个截面产生一个 360° 的角位移，称为一个捻回。

4. 标准回潮率

纱线在标准大气条件下，达到吸湿平衡时，材料所具有的平衡回潮率，称为标准回潮率。为了进行成本核算，还设定了公定回潮率。

第二节　横编基本知识

横机编织（横编）作为纬编编织（圆型、平型）的一个大类，沿袭了纬编的基本原理，但是编织机器自成体系。横机已经基本上从手摇横机发展为电脑横机。

一、电脑横机编织机构

电脑横机的编织机构包括针床、编织系统等，根据电脑横机的编织功能需要进行一定的灵活配置。

（一）针床

针床是编织的核心部件，带领一组织针完成成圈工作。针床上平行的针槽里通常配置的是舌针，这是由横机编织的特点决定的。

1. 针床数

针床数就是成圈编织织物的组数。针床数通常为两个，这是由横机编织产品的发展决定的，也就是双面横机组织的产品在横机产品中占据主导。当然可以有更多的针床，例如，比较先进的四针床电脑横机，四个针床都可以配备织针进行编织，显示出绝对立体的编织功能（图1-2-1）。双针床横机两个针床配置形式是倒"V"字形，多针床横机的针床围绕双针床的这一结构进行辅助配置。

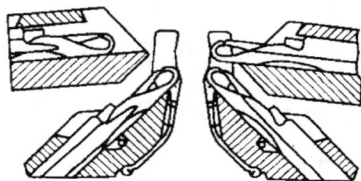

图1-2-1　四针床电脑横机

2. 针床宽度

针床宽度是指横机公称宽度，又称针床幅宽或有效长度，是最大排针区宽度。电脑横机针床宽度主要有三种：

第一种是窄幅横机，机宽在127cm（50英寸）左右，主要用于单件全成形衣片的生产，这是我国使用的电脑横机的主导机型；

第二种是宽幅横机，机宽在203cm（80英寸）以上，可以同时编织两片衣片，一般适合于裁剪衣片或附件的生产；

第三种是中幅横机，机宽介于以上两者之间，机宽通常在178cm（70英寸）左右，主要用于编织单件全成衣产品。

3. 机号

横机织针一般较大，间隔较大，机号较小，便于编织毛衫等较为粗犷的产品。但是随着针织产品的拓展，横机产品持续向细针发展，而传统的较粗针距继续保留，更粗针距也是一个发展方向。因此，横机的多种针距都能代表一种流行。

机号（G）是表示针距（T）大小和针的粗细的指标，用针床上规定长度（E）内所具有的针数表示，关系式如下：

$$G = \frac{E}{T}$$

电脑横机机号是采用针床上每英寸编织宽度的针数表示，如 12 针/英寸和 14 针/英寸等，通常简称 12 针、14 针等，目前最高机号可达到 20 针/英寸以上，但使用最多的为 14 针以下。机号在一定程度上确定了机器可加工纱线线密度的范围。一定机号的针织机只能编织一定粗细范围的纱线。机器所能加工的最粗纱线线密度取决于针钩的大小和针与针槽的间隙。

为了拓宽机器所能加工的纱线线密度范围，近几年出现了多针距电脑横机。多针距机器的机号可表示为 3、5.2、6.2、7.2 等，这时机器的针距是 7 针/英寸、10 针/英寸、12 针/英寸和 14 针/英寸，只是采用的织针和三角结构有些变化，从而使机器可以满针编织或隔针编织，使编织的纱线范围宽泛一些。例如：7.2 针的机器理论上可以编织 7~14 针的产品，满针编织时为 14 针，隔针编织时为 7 针。但通常适合编织 9~12 针产品，编织 14 针产品时最好更换为 14 针的织针，相应地也要更换某些三角。

（二）编织系统

编织系统（又称系统）数是指机头中三角系统的组数，有一个系统就可以完成一个完整的编织动作，即编织一个横列的线圈，包括编织或移圈。系统数越多，编织的效率越高。手动横机只有一个系统。电脑横机的系统数与机宽有关，简易机一般为单系统。窄幅横机以双系统和三系统为主；宽幅横机一般为四系统，在双机头时可以分开为两个双系统使用；也有六系统甚至八系统的机器；"织可穿"的机器一般为三系统。

编织系统多有助于提花，编织系统与针床数的联合可以编织各种复杂和成型等要求的产品，关键还要考虑生产效率。

二、电脑横机编织与常用组织

随着横机机械制造和自动化、智能化水平的不断提高，横机编织的优势不断发挥出来，织物越来越丰富，用途也不断拓展，已经在纬编领域品种增长处于领先地位。编织包括成圈、不成圈、集圈、脱圈、翻针、横移等基本动作，成圈是基本编织，除成圈外，其他动作不能单独形成整个坯布，而是与成圈组合改变织物结构，增加布面外观效果。

编织的表示方法中，图示法较为便捷：编织图是模拟编织机上的织针，使用不同的符号来表示织物的不同结构的方法。用一个点代表一枚织针，下、上两行点分别代表前针床（或称前板）和后针床（或称后板）的织针，机头每个系统的一个行程对应一排织针，如图 1-2-2 所示。

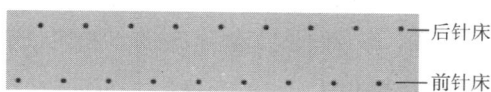

图 1-2-2　织针的表示

（一）成圈

1. 成圈的走针轨迹

成圈是形成织物的最基本单元，成圈的织针在三角座中的走针轨迹如图 1-2-3 所示。

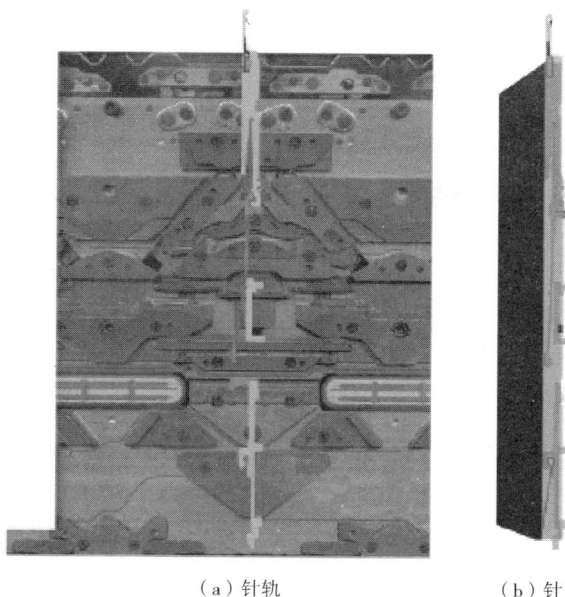

（a）针轨　　　　　　　（b）针

图 1-2-3　成圈的走针轨迹

2. 成圈过程

舌针横机的成圈主要包括退圈、垫纱、闭口、套圈、弯纱、脱圈、成圈和牵拉等八个过程，如图 1-2-4 所示。织针在起针三角的作用下从起始位置上升至集圈高度，如图 1-2-4 （a）（b）所示，在这一位置上旧线圈已将针舌打开，但还压在针舌上。织针到达集圈高度后受到挺针三角的作用继续上升，旧线圈便从针舌上滑至针杆上，如图 1-2-4 （c）所示，这一过程称为退圈。织针到达挺针三角的最高点后受到导向三角的作用开始下降，导

11

纱器对织针进行垫纱，如图1-2-4（d）所示。在压针三角的作用下织针继续下降，并钩取纱线，此时位于针杆上的旧线圈沿着针杆上升，碰到针舌后将其关闭，如图1-2-4（e）所示，旧线圈套在针舌上；旧线圈从针舌上滑出针头至新钩的纱线上，如图1-2-4（f）所示，这一过程称为脱圈。在脱圈的过程中，新纱线弯曲成封闭的线圈，称为弯纱。当织针继续受压针三角的作用下降，织针便拉着弯曲的纱线形成规定大小的新线圈，如图1-2-4（g）所示，这一过程称为成圈。在成圈之后，所形成的新线圈必须由牵拉机构拉向针背，否则在下一个成圈过程起针时织针可能会重新穿进已形成的线圈中，这一过程称为牵拉。

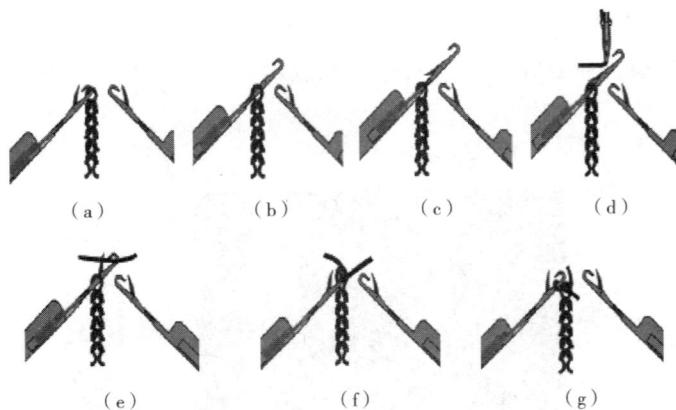

（a）　　　　（b）　　　　（c）　　　　（d）

（e）　　　　　（f）　　　　　（g）

图1-2-4　成圈过程示意图

3. 成圈线圈图

图1-2-5中，（a）表示的是前针床编织的正面线圈，（b）表示的是后针床编织的反面线圈。

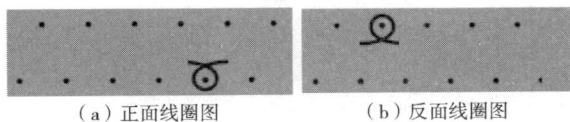

（a）正面线圈图　　　　　（b）反面线圈图

图1-2-5　成圈的线圈图

（二）集圈

集圈指纱线正常喂入织针，但织针未正常脱圈而形成的一直编织效应。

1. 集圈的走针轨迹

针的轨迹如图1-2-6所示。

图 1-2-6 集圈的走针轨迹图

2. 集圈过程

图 1-2-6 中，织针在起针三角的作用下从起始位置上升至集圈高度，如图 1-2-7 （a）（b）所示，在这一位置上旧线圈已将针舌打开但还压在针舌上没有滑至针杆上。织针保持在这一位置上后导纱器对织针进行垫纱，如图 1-2-7 （c）所示。然后受压针三角的作用织针下降并钩取纱线，如图 1-2-7 （d）所示，旧线圈仍回到针钩内与新钩到的纱线集中在一起，如图 1-2-7 （e）所示，所以这一过程称为集圈。成圈后形成的新线圈如图 1-2-7 （f)所示。

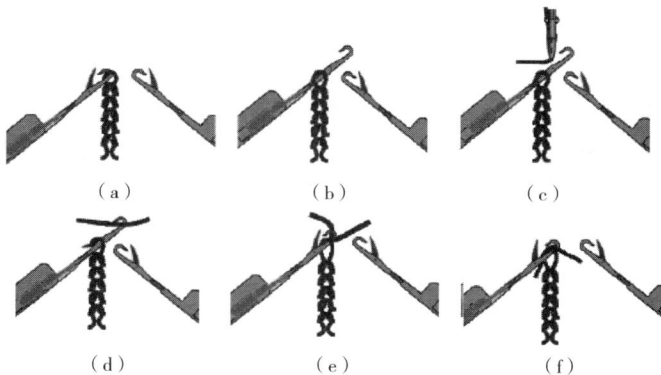

（a）　　　　　　　　（b）　　　　　　　　（c）

（d）　　　　　　　　（e）　　　　　　　　（f）

图 1-2-7 集圈过程示意图

3. 集圈线圈图

集圈可分为前板集圈和后板集圈，如图1-2-8所示。

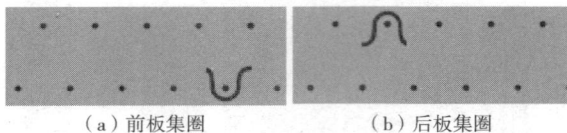

（a）前板集圈　　　　　（b）后板集圈

图1-2-8　集圈的线圈图

（三）浮线

浮线是纱线越过一枚织针不编织时形成的。

1. 浮线的走针轨迹

如图1-2-9所示，织针被压进轨道不参加工作，即不吃纱。

2. 浮线过程

织针不受系统内任何三角作用而保持在原位置，如图1-2-10（a）所示。虽然导纱器也对织针进行垫纱，但由于织针没有钩取新纱线，新纱线只是横过这一织针的位置，形成一条浮在表面的线段，如图1-2-10（b）（c）所示，如图1-2-10所示。

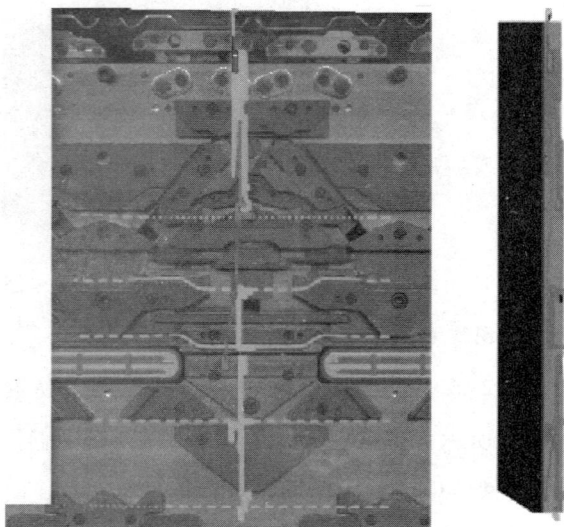

图1-2-9　浮线的走针轨迹

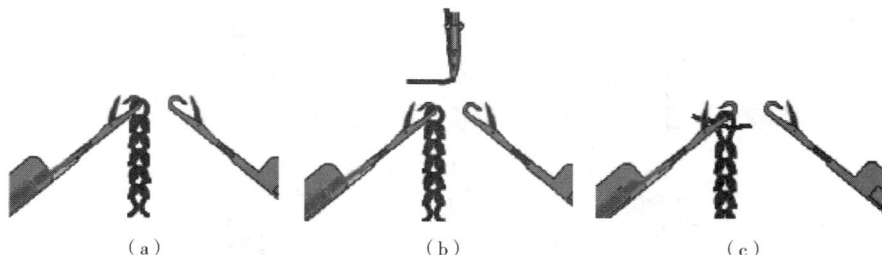

（a）　　　　　　（b）　　　　　　（c）

图1-2-10　浮线过程示意图

3. 浮线线圈图

浮线的编织图如图1-2-11所示。

（四）脱圈

1. 脱圈过程

与成圈过程相同，只是织针到达
挺针三角的最高点后受到导向三角的

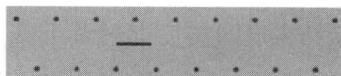

图 1-2-11　浮线的线圈图

作用开始下降，而此时没有导纱器对织针进行垫纱（织针上升到成圈高度，旧线圈脱掉，但没有新纱线垫入），这时此针位的纱线将脱掉成为一根浮线。

2. 脱圈线圈图

脱圈的线圈图如图 1-2-12 所示。

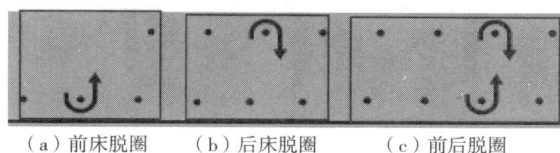

（a）前床脱圈　　（b）后床脱圈　　（c）前后脱圈

图 1-2-12　脱圈的线圈图

（五）翻针（移圈和接圈）

1. 翻针的走针轨迹

移圈就是将一根织针上的线圈转移到另一根织针上的过程，而接圈就是一根织针从另一根织针上接过转移过来的线圈的过程。移圈和接圈总是同时进行且由专门的三角组控制。移圈和接圈的走针轨迹如图 1-2-13 所示。

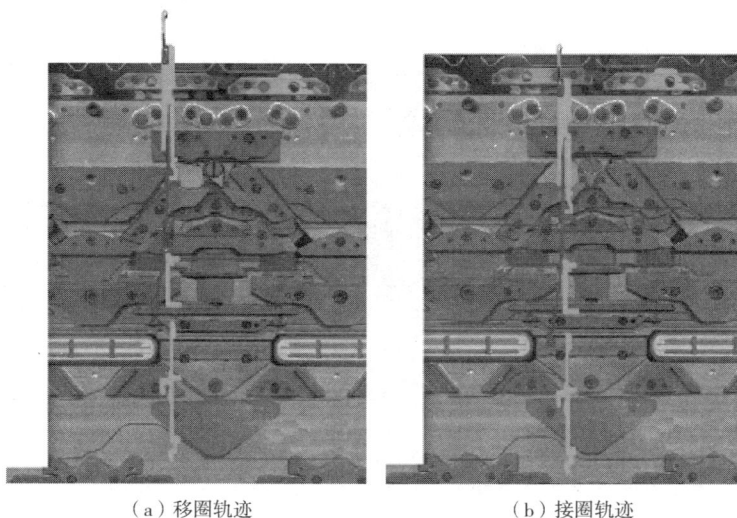

（a）移圈轨迹　　　　　　　　　（b）接圈轨迹

图 1-2-13　翻针的走针轨迹

2. 翻针过程

移圈时织针在退圈高度上继续上升 ［图 1-2-14（b）］，线圈到达织针的扩圈片上 ［图 1-2-14（c）］，接圈针上升 ［图 1-2-14（d）］，针头从移圈针的扩圈片中间穿过，同时也进入移圈线圈中 ［图 1-2-14（e）］。然后移圈针下降 ［图 1-2-14（f）］，线圈使移圈针的针舌关闭 ［图 1-2-14（g）］，移圈针便从线圈中脱出 ［图 1-2-14（h）］，而线圈完全挂在接圈针上后，接圈针下降到原始位置 ［图 1-2-14（j）］，移圈和接圈过程结束。

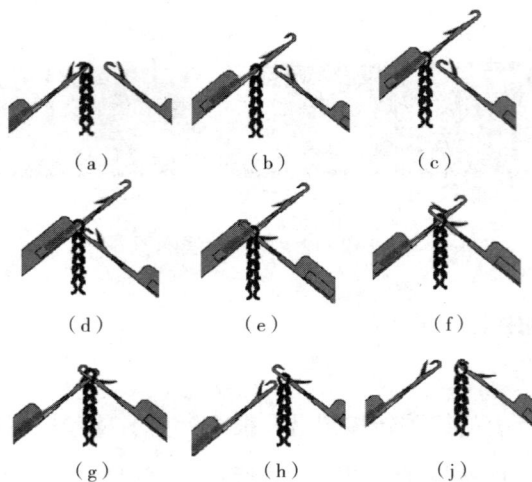

图 1-2-14　翻针的过程

3. 翻针线圈图

下上两排点代表的是前后针床的织针位置，翻针的表示方法用箭头形象说明，如图 1-2-15 所示。被翻掉线圈的织针成为空针。这个动作在手摇横机上用目针手动进行。

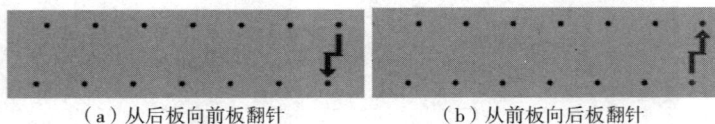

（a）从后板向前板翻针　　　　（b）从前板向后板翻针

图 1-2-15　翻针线圈图

（六）横移（摇床或错板）

前后两个针床上织针的原点基准位置是：一个针板的织针正对着另一个针板的针槽中间，即所谓针对槽，如图 1-2-16 所示。两个针之间的距离称为 1 个针距，它的大小随着机器的机号而变化。

一般两针床的电脑横机的后针板可以左右横移。四针床、五针床的电脑横机，前针床也可以移动。

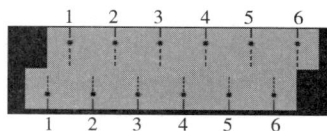

图1-2-16　针床对位原点

当后针板向左移动 n 个针距，称为左横移 n 针，n 最小可以移动 1/4 针距，最大距离根据不同厂家设计其范围有所不同。图 1-2-17 左侧表示的是针床向左横移 2 个针距，右侧表示的是针床向右横移 1 针距。

线圈通过翻针和机器横移后的接圈，线圈可以移到相邻或相隔的织针上形成孔洞、扭斜等效果。

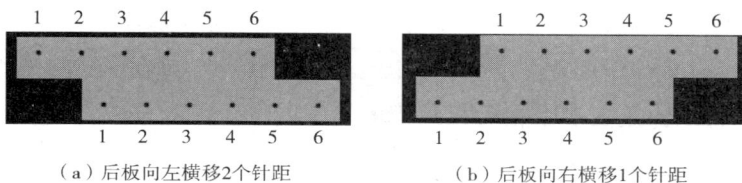

（a）后板向左横移2个针距　　　　（b）后板向右横移1个针距

图1-2-17　针床横移示意图

第三节　横编常用组织

横机编织的织物为纬编织物，由于针距较大等，这类织物特色明显，如风格较粗犷，提花丰富，织物表现力丰富等。

一、单面正面平针织物

1. 结构

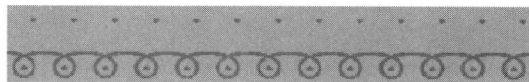

图1-3-1　单面正面平针织物编织图

在机器上用一个针床的织针编织的织物为单面织物。平针织物多由前针床线圈组成织物，如图 1-3-1 所示，可以看出前针床形成线圈，后针床保持不动，织物实物图如图 1-3-2 所示。

2. 织物特性

单面平针织物的两面外观不同；所

图1-3-2　单面正面平针织物实物图

17

有线圈均匀一致；织物具有卷边性；织物很容易从顺逆两个方向进行拆散。单面平针织物吸湿性和透气性较好，在横向和纵向拉伸时具有较好的延伸性，且横向比纵向延伸性大，有时还会产生线圈歪斜的现象。平针织物广泛用于一般毛衫、裤以及绣花、印花毛衫底衫。

3. 编织密度

编织密度根据纱线的粗细按正常设置。

二、单面反面平针织物

单面反面平针织物只在后针床编织，编织图如图1-3-3所示。

图1-3-3 单面反面平针织物的编织图

1. 结构

单面反面平针织物是由多个在后板编织的线圈组成的织物，其织物正反两面的效果图与上面所说的正面平针织物正好相反。

2. 织物特性

单面反面平针织物与正面单面平针织物相同，一般用作袖子、大身的地方以及结构花型的地组织。

3. 编织密度

与正面单面平针织物相同。

三、双面平针织物

在两个针床上编织的织物称为双面织物。双面平针织物也称为四平织物。

1. 结构

编织时的出针都在同一号织针上编织，由前针床编织的线圈作为正面线圈，由后针床编织的线圈作为反面线圈，其编织图如图1-3-4所示。

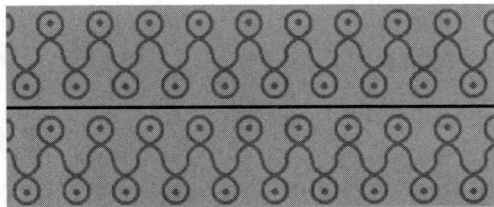

图1-3-4 双面平针织物编织图

由于前后线圈相互制约，线圈被压缩，使得下机后的织物的正反两面看上去都像正面平针织物（但手感比单面厚），如图 1-3-5 所示。

2. 织物特性

织物不拉伸时两面都显示为正面线圈，拉伸后可看到正面线圈之间的反面线圈；织物的横向具有一定的弹性；织物不卷边，下机回缩所以织物厚实挺括；拆散只能从最后一行拆散。可用来做加厚衫，也可在下摆及一些花型中使用，门襟内衬通常用四平竖带子。

图 1-3-5　双面平针织物展开前织物实物图

3. 编织密度

由于在两个针床交替编织，前后针床间隙需要使用一定的纱线量，这些纱线可以转移到线圈中，从而使线圈变大。要维持正常编织，所设置密度数值较小。

四、罗纹组织织物

罗纹组织是由正面线圈纵行和反面线圈纵行以一定的组合规律相间配置而成。罗纹组织的正反面线圈不在同一平面上，每一面的线圈纵行相互毗连。罗纹组织的种类很多，视正反面线圈纵行数配置的不同而异，通常用数字代表其正反面线圈纵行数的组合，如 1×1 罗纹、2×1 罗纹或 2×2 罗纹等，可形成不同外观风格与性能的罗纹织物。

罗纹组织横向有较好的弹性和延伸性，罗纹组织只能逆编织方向脱散。与双面平针织物结构相同，只是前后针床上参加编织的织针排列不同。

（一）1×1 罗纹织物

1. 结构

前后针床都是 1 隔 1 出针编织，前后针床出针错开，两者组合为一个基本单元，由此循环而得到 1×1 罗纹织物。此时的针床对位为针对针，也就是在基准位置上后针板向左横移半个针距得到的，如图 1-3-6 所示。

1×1 罗纹结构编织图如图 1-3-7 所示。前后两针床织针出针频率一致，正反面看上去一样。织物效果如图 1-3-8所示。

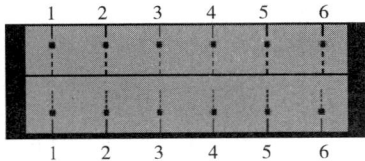

图 1-3-6　前后针床针对针位置

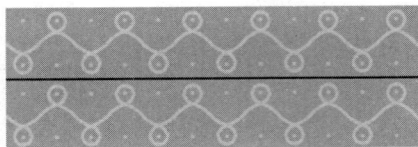

图 1-3-7　1×1 罗纹的编织图

图 1-3-8　1×1 罗纹织物实物图

2. 织物特性

织物横向弹性好，不卷边；织物两面外观相同。这种结构常常被用来做衣服的下摆、袖口等地方。

3. 编织密度

密度设置比较小，与四平组织相近。

(二) 2×1 罗纹织物

1. 结构

与 1×1 罗纹织物相比，2×1 罗纹织物只是在前后针床编织的排针不同，是由 1 个前针床编织线圈 + 1 个四平线圈 + 1 个后针床编织线圈 的三个基本线圈组成的基本单元，针床对位在针对槽的位置。每个针床为 2 针编织 1 针空。也常被用来做衣服的下摆、袖口等地方。编织图如图 1-3-9 所示，实物图如图 1-3-10 所示。

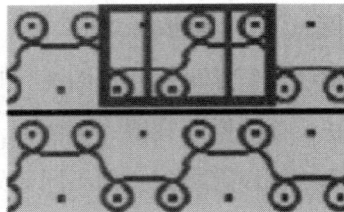

图 1-3-9　2×1 罗纹织物编织图

图 1-3-10　2×1 罗纹织物实物图

2. 织物特性

2×1 罗纹，稍有卷边性；两面外观一致；横向有较好的弹性，甚至比四平弹性要大得多；比单面平针织物厚。常被用来做衣服的下摆、袖口、领边等地方。

3. 编织密度

由于2×1 罗纹织物不像四平和1×1 罗纹织物那样前后针床都是间隔出针的，而是在同一针床上具有相邻两个出针的编织，所以它的密度设置要大于1×1 罗纹。2×1 罗纹织物属于双面织物。

（三）2×2 罗纹织物

1. 结构

这是由2个前针床编织线圈和2个后针床编织线圈组成的基本单元组织，针床对位在针对针的位置。每个针床出针都是间隔2针编织2针。线圈编织表示如图1-3-11所示。由于前后两针床出针规律一样所以织物正反面外观一样，织物实物图如图1-3-12所示。

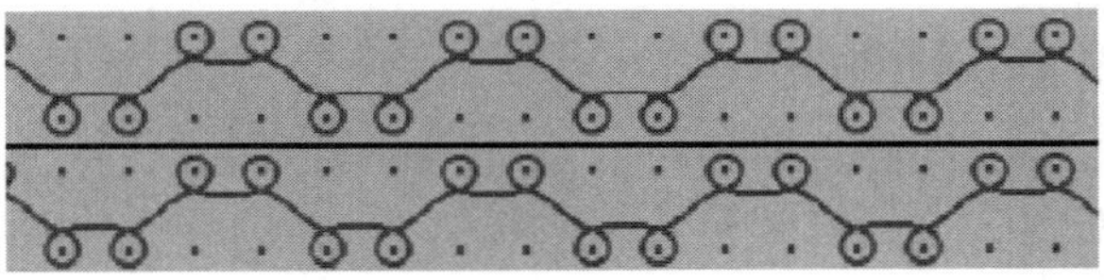

图1-3-11　2×2 罗纹编织图

图1-3-12　2×2 罗纹织物实物图

2. 织物特性

2×2 罗纹织物横向边缘稍有卷边，织物两面外观相同；弹性和厚度大于单面平针，小于2×1罗纹。常被用来做衣服的下摆、袖口、领边以及全身花型等地方。

3. 编织密度

2×2 罗纹织物比单面平针小些，与2×1 罗纹基本相同，属双面织物。

依照上述规律，罗纹的前后针床排针可以设置成多种多样。各种罗纹组织，如果使用在服装上，在织物表面形成凹凸的条纹效果。这种条纹可通过调整前后板针的针数，使得条纹可宽可窄，变化多样。有时设计师也会将这种条纹作为织物的图案。还可以通过运用不同粗细的纱线，不同的密度变化，使其在毛衫中的修饰更具立体感和变化性。

五、空转组织织物

空转组织也称为空气层组织或圆筒织物。

1. 结构

由 1 行前针床编织线圈 🔘 和 1 行后针床编织线圈 🔘 组成，但前板线圈和后板线圈编织后都不做连接翻针，仍然被握持在原有针床上，这样织物就形成了一个圆筒，用手可以将两个布面分开，编织图如图 1-3-13 所示。

织物正反面看上去都是正面线圈，类似正面平针织物，其织物实物图如图 1-3-14 所示。

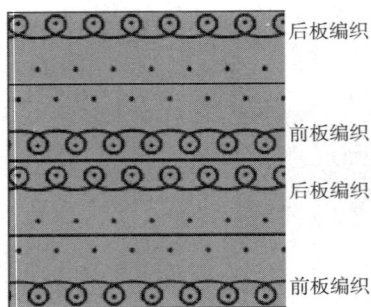

图 1-3-13　空转织物编织图

图 1-3-14　空转织物实物图

2. 织物特性

空转组织外观上犹如两块平纹布匹，没有罗纹的弹性。通常用作大身下摆、袖口、门襟等地方，也有的用于特殊花型部分。

3. 编织密度

由于前后针床的线圈都是相对独立地完成编织，编织密度小于单面平针织物，属于双面织物。

六、双反面组织织物

1. 结构

由 1 行正面编织线圈 🔘 和 1 行反面编织线圈 🔘 组成的单元结构。但与上面提到的空转织物不同的是，每编织完 1 行（如前板），线圈都要向另一针床上翻针（向后板翻针 🔳），然后再在另一针床上（后板）编织，编织后再翻针（向前板翻针 🔳）。这样就是正面线圈要从原来的反面线圈中拉出，而反面线圈要从原来的正面线圈中拉出，依次循环编织，编织图如图 1-3-15 所示。织物两面的外观一样,都呈现出线圈的针编弧和沉降弧,织物实物图如图 1-3-16 所示。

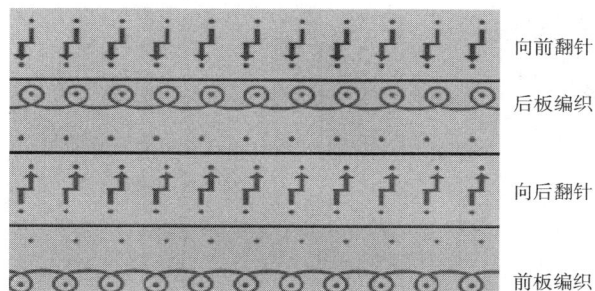

图 1-3-15 双反面织物编织图

图 1-3-16 双反面织物实物图

2. 织物特性

双反面组织织物下机后纵向回缩而向横向膨胀,所以织物的纵向延伸性较大。织物不卷边。织物蓬松、手感柔软。厚度略厚于单面平针织物。由于双反面组织织物双方向弹性都很好,所以很适合做婴儿服装。由于整行都是在一个针床上编织的线圈,所以脱散性与单面平针织物相似。

3. 编织密度

双反面组织织物的编织密度同单面平针,属于单面织物。

七、四平空转组织织物(米兰诺织物)

1. 结构

由 1 行四平⚛+1 行正面编织⊙+1 行反面编织⊠组成的单元组织(没有翻针),循环行为 3 行(奇数行)一循环,如图 1-3-17 所示。织物正反两面织物外观一样,织物实物图如图 1-3-18 所示。

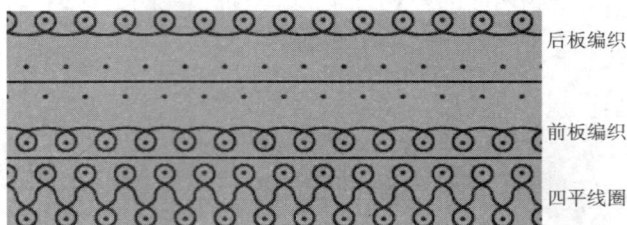

图 1-3-17　四平空转组织编织图

图 1-3-18　四平空转组织织物实物图

2. 织物特性

四平空转组织织物不卷边，正反两面看上去都是正面线圈，但与单纯的空气层的织物相比更加厚实，横向延展性低，尺寸稳定性好，且不能用手完全分开成两片，类似于机织物。厚度比单面平针厚。常被用来做领子、门襟以及针织外衣、运动衣裤、女裙等地方。

3. 编织密度

四平空转组织织物用四平组织的密度，空转用空转的密度，属于双面织物。

八、三平组织织物（半米兰诺织物）

1. 结构

由 1 行四平 ▦ +1 行后针床编织线圈 ▦ 组成，编织图如图 1-3-19 所示。

织物从两面看都是前板编织线圈，但正反两面行数不同，即正反面的线圈比不同。正面：反面 =1:2。其实物图如图 1-3-20 所示。

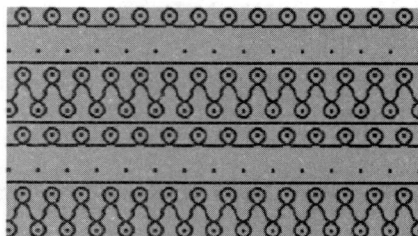

图 1-3-19　三平组织编织图

2. 织物特性

三平组织织物没有卷边性；因为两面的线圈行数不同，使得织物两面具有不同的外观，一面线圈紧密，有隐现的凹凸效应，另一面外

图 1-3-20 三平组织织物实物图

观平整有拉长线圈；织物的弹性小，但比四平空转组织织物好；具有较好的稳定性，但略低于四平结构的织物；比四平空转组织织物略微薄些。可根据款式需要选择织物的正反面。常用于领边、围巾边等。

3. 编织密度

三平组织织物的编织密度分别使用四平组织和单面组织编织的密度。

九、畦编组织织物

畦编组织织物在罗纹织物的基础上，加入了集圈，使得织物变厚、变宽。

（一）畦编组织织物（双元宝织物或双畦编织物）

1. 结构

畦编组织为 2 行一个循环单元：1 行为前板集圈后板编织+1 行后板集圈前板编织，其编织图如图 1-3-21 所示，织物实物图如图 1-3-22 所示。

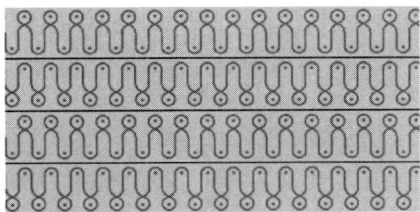

图 1-3-21 畦编组织编织图

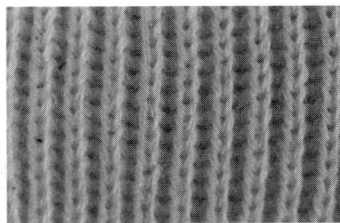

图 1-3-22 畦编组织织物实物图

2. 织物特性

畦编组织织物不卷边；织物两面外观一样，由于有集圈，所以线圈"变胖"，布幅变宽。织物横向弹性很好；比单面织物厚。常用于做围巾及毛衫的装饰边。

3. 编织密度

编织部分的密度如四平组织织物，集圈部分的密度小于四平组织织物。

(二) 半畦编组织织物（单元宝织物）

1. 结构

与畦编组织相比，用 1 行四平编织取代了前板集圈后板编织的一行，编织图如图 1-3-23 所示，织物实物图如图 1-3-24 所示。

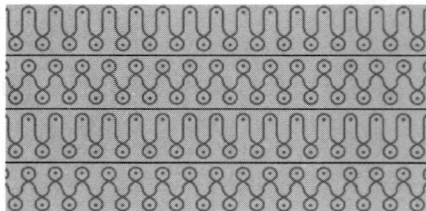

图 1-3-23　半畦编组织编织图

图 1-3-24　半畦编组织织物实物图

2. 织物特性

半畦编组织织物不卷边；织物正反面都显示为正面平针组织，但外形不同，由于后板的集圈动作使得正面成为"胖"圈且不平整，拉开后可看到集圈时产生的两根纱线，反面非常平整；正反面的行数比为 2∶1。织物横向变宽，具有很好的弹性和延展性。织物厚度比单面平针厚。通常用作外穿毛衫的编织。

3. 编织密度

半畦编组织织物的编织密度同双元宝。

(三) 变化畦编组织织物（小蜂窝组织织物）

1. 结构

后板间行隔针集圈。其编织图如图 1-3-25 所示，织物实物图如图 1-3-26 所示。

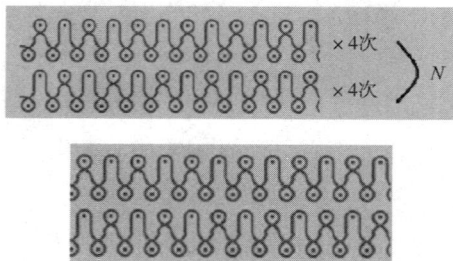

图 1-3-25　小蜂窝组织编织图

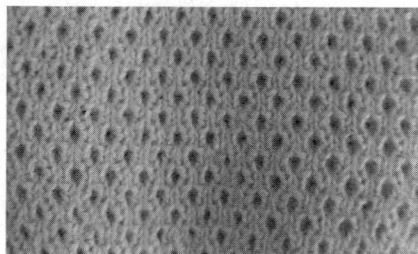

图 1-3-26　小蜂窝组织织物实物图

2. 织物特性

变化畦编组织织物不卷边；正反面外观不同；布面显示纵向曲折的效果；织物横向有弹性。通常用作毛衫的大身花型。

3. 编织密度

前后针床使用比罗纹组织织物稍紧的密度。

（四）摇花效果织物

1. 纵向扭曲网眼

（1）结构：后板编织+集圈，然后摇床后再编织+集圈。编织图如图1-3-27所示，第1、第2行在针床原点编织，第3、第4行针床向右横移1针进行编织。

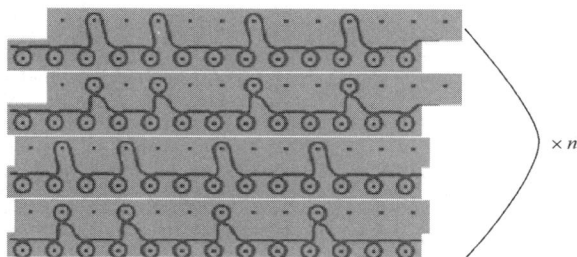

图1-3-27 摇花效果织物编织图

（2）织物特性：织物两边具有卷边性。织物两面呈现不同效果：利用摇床的动作，使正面看上去有扭曲效果，反面有凸起纵条（图1-3-28）。可根据需要使用在毛衫的花型中。

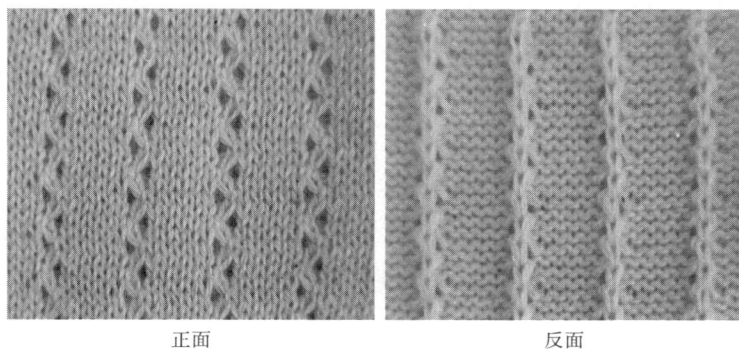

正面　　　　　　　　反面

图1-3-28 摇花效果织物实物图

（3）编织密度：前床密度为正常单面编织密度，反面为稍紧点罗纹密度。

27

2. 一针摇床 Z 字花织物

（1）结构：编织时为满针畦编组织+针床 1 针距离横移而形成，如图 1-3-29 所示。含有集圈或线圈的后针板相对前针板横移时，产生特殊的倾斜效果。由于是后针床做横移动作，所以当集圈在后针床时，则线圈的歪斜与横移方向相反；当集圈在前针床时，线圈的歪斜与横移方向相同。

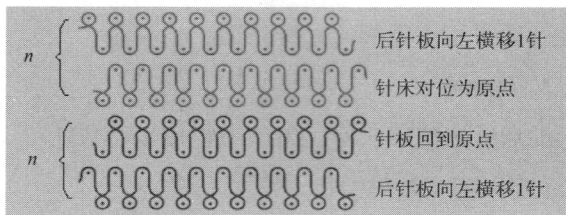

图 1-3-29　一针摇床 Z 字花织物编织图

蓝色编织的效果是织物线圈向左倾斜，粉色编织的效果是织物的线圈向右倾斜。

倾斜边的长短取决于移动最大针数和行数 N 的数值。图 1-3-30 所示的织物图为 $N=10$ 的情况。

图 1-3-30　Z 字花织物实物图

（2）织物特性：织物不卷边；线圈倾斜，织物呈现 Z 字花，织物左右边缘为锯齿形。这种花型常用于编织帽子等。

（3）编织密度：同畦编组织织物。

3. 1×1 畦编组织+针床 2 针距横移（带抽针）

（1）结构：其编织图如图 1-3-31 所示，其中一部分纱线在织物中是向左倾斜的，另一部分纱线是向右倾斜的。由于横移为 2 个针距，所以线圈的倾斜度更大了，织物视图如图 1-3-32 所示。

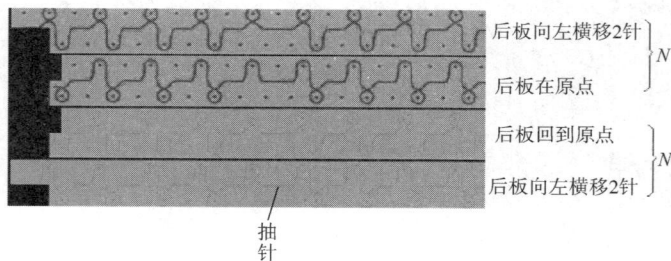

图 1-3-31　1×1 畦编组织+针床 2 针距横移织物编织图

图 1-3-32　1×1 畦编组织+针床 2 针距横移织物正面

（2）织物特性：织物不卷边；线圈比横移 1
针时更加倾斜，织物的厚度比前者薄。织物两边
也是锯齿状。

（3）编织密度：由于需要横移 2 针，密度应
松些。

4. 波纹组织

波纹组织可以是四平、四平抽条、畦编、畦
编抽条等结构。波纹组织变化丰富，非常具有动
感，常用在领子、帽子、裙子或毛衫上。

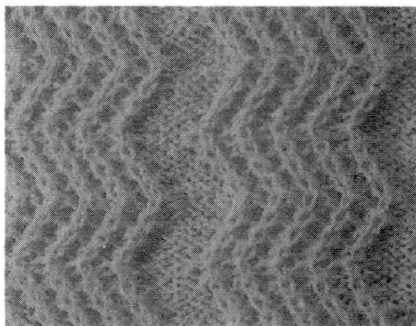

图 1-3-33　波纹组织织物实物图

抽针的多少以及地组织的不同，可以得到不
同的织物效果，如图 1-3-33 所示。

十、其他组织织物

1. 移圈组织织物

在原组织的基础上，按照花纹要求将某些线圈进行移圈形成的针织物组织，最常见的
为绞花织物（图 1-3-34）。

2. 嵌花组织织物

嵌花组织是指线圈形成组织时，由两块或两块以上的不同颜色或不同种类的纱线编织
成的花块，在纵向镶拼而形成花色织物。

嵌花组织可以是单面平针、集圈等，也可以是罗纹等双面组织。

嵌花织物花型别致、花纹图案清晰，色彩纯净，织物反面没有色纱重叠，因而更加舒
适，给人以清晰高雅之感。

嵌花织物反面无虚线，因而织物纵横向的弹性不受影响，同时织物可不增加额外重

量，从而使织物性能良好，如图 1-3-35 所示。

图 1-3-34　绞花织物实物图

图 1-3-35　嵌花织物实物图

第二章　电脑横机主要结构

电脑横机根据选针方式分为多级式选针和单级式选针两大类。多级式选针以江苏金龙科技股份有限公司生产的 LXC-252SC 型电脑横机为代表来介绍，单级式选针以德国斯托尔（STOLL）公司的 CMS 系列电脑横机为代表来介绍。

第一节　多级式电脑横机结构及原理

多级式电脑横机选针结构采取多段选针方式，增加选针片间隔，提高选针稳定性。多级式机器牵拉平稳，编织稳定性高。缺点是选针部分提前一行工作，一定程度上降低了生产效率。

多级式电脑横机结构如图 2-1-1 所示。

除上述组件外，电脑横机还包括副牵拉（拉布）系统、摇床组合、侧送纱张力装置、主传动系统、辅助送纱器、配电盘组合等机构。

一、针床与三角系统

针床与三角系统是横机的基础部件，其中机件和针件的设计十分精密，一个针件的主要部位都有其功能，实际生产中必须严格掌控。

（一）织针与选针机件

织针与选针机件包括织针、挺针片、弹簧片、选针片。

1. 织针

织针通常采用带有扩圈片的针型，由两个单独部件组成：针杆与针舌，由优质钢片冲压而成，各部位分工明确，如图 2-1-2 所示。

（1）针钩（针头）：在成圈过程中钩住纱线。

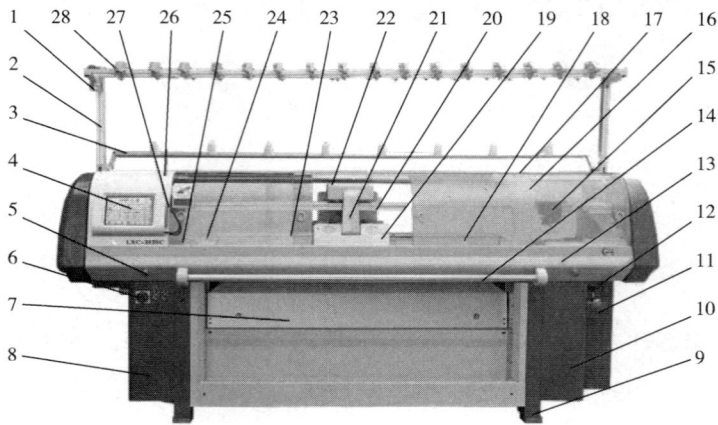

图 2-1-1　LXC-252SC 型电脑横机的基本结构

1—指示灯　2—上输纱装置（张力器）支臂　3—辅助纱架　4—操作面板　5—急停开关

6—电源开关　7—起底板系统　8—左侧电器箱　9—机架　10—装饰箱　11—供油润滑系统

12—主、副电动机（电动机）　13—前护板　14—操纵杆　15—导纱器（纱嘴、乌斯）组合

16—有机玻璃护罩　17—置纱板　18—针床（针板）　19—机头（三角底板系统）护盖

20—导纱器轨道（天杠）组合　21—机头桥臂（天桥）　22—换梭系统　23—沉降片（信克片）床

24—剪刀系统　25—针床基座　26—显示器护罩　27—触摸笔　28—上送纱控制装置（电子张力器台）

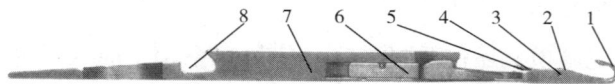

图 2-1-2　织针

（2）针舌槽：在针杆上铣削加工而成，用于安装针舌。

（3）针舌销：针舌转动轴。

（4）针舌：在成圈时可以绕针舌转动，用以打开或关闭针口。

（5）针舌勺：针舌向上转动关闭针口时，针勺盖严针钩端部，确保脱圈时线圈顺利滑过针头。

（6）扩圈片（移圈推片）：在移圈时将移圈针上的线圈撑开，以便接圈针插入推片和移圈针体之间位置而进入线圈中，当移圈针退下后，将线圈留在接圈针的针钩内。

（7）针杆：织针的主干部分。

（8）连接缺口：用于与挺针片连接起来，以使两者共同运动。

新一代电脑横机 LXC-252SC 型横机采用这类织针。

2. 挺针片

挺针片俗称长针脚，其结构如图 2-1-3 所示。挺针片靠片头（联结头）通过织针的联结缺口，将挺针片和织针联结在一起。挺针片有两个片踵，分别是移圈片踵和编织、集圈片踵，在机头的挺针片三角轨道中运

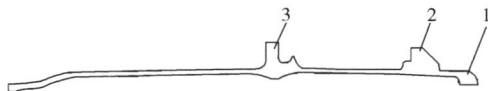

图 2-1-3 挺针片

1—片头（联结头） 2—移圈片踵
3—编织、集圈片踵

动，推动挺针片上升或下降。挺针片的针杆有一定弹性，当挺针片不受压时，片踵伸出针槽，可以沿着机头中的三角运动并推动织针上升或下降，完成相应的编织；当挺针片受压时，片踵进入针槽里，不与三角作用，其上的织针就不能上升或下降。

3. 弹簧片

弹簧片又称推片，位于挺针片上方，其片踵 1 受机头三角系统中各种压片的控制。当片踵受压时，位于其下方的挺针片片踵进入针槽里，使其不与三角作用；当片踵不受压时，位于其下方的挺针片片踵伸出针槽，随三角的运动并推动织针工作。推片下部的限位槽 2 可以根据编织要求将推片固定在某一高度位置，分别为 B、H、A 位，结构如图 2-1-4 所示。

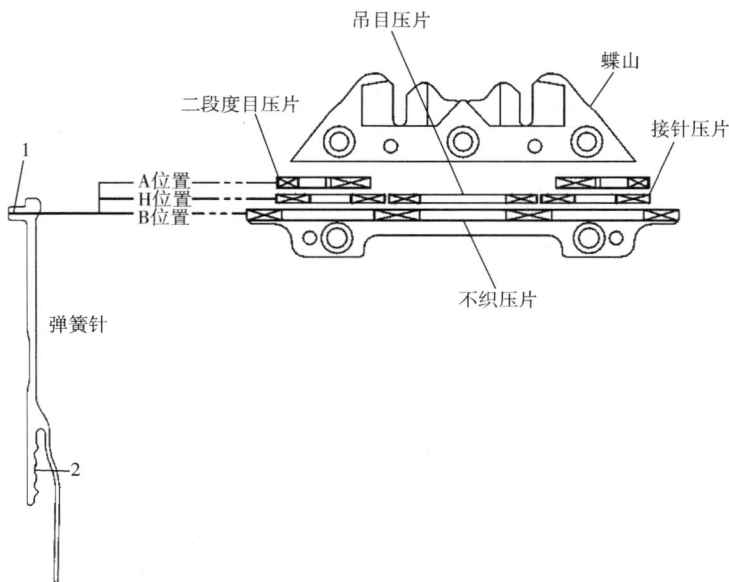

图 2-1-4 弹簧片及对应工作位置

1—片踵 2—限位横 A 位置—高位 H 位置—中心 B 位置—低位

4. 选针片

选针片有三个片踵和一个选针齿（该机选用八档齿选针片，每片只留一种高度的选针齿）。其中下片踵 1 沿机头里的三角轨道运动，推动选针片沿针槽上升，从而由后片踵 3 将推片推至 A、H、B 三种不同工作位置，使织针达到不同的编织要求；上前片踵 4 用于将升上去的选针片压回到起始位置；选针片上的选针齿 2 受机头上选针器的选针摆片控制，如图 2-1-5 所示。

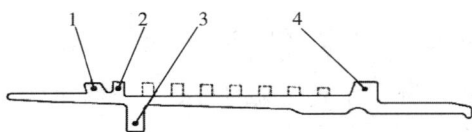

图 2-1-5　八档选针片

1—下片踵　2—选针齿

3—后片踵　4—上前片踵

选针摆片与选针片齿相对应，也有八档不同的高度，当某一档选针摆片处于正常位置时，同档的选针齿被压下，相应的织针处于不工作状态，如图 2-1-6（a）所示；如图 2-1-6（b）所示，当某一档选针摆片向上摆动时，同档的选针齿不被压下，下片踵 1 在三角的作用下推动选针片上升，并将推片（弹簧片）推至不同高度，进入相应的工作状态。

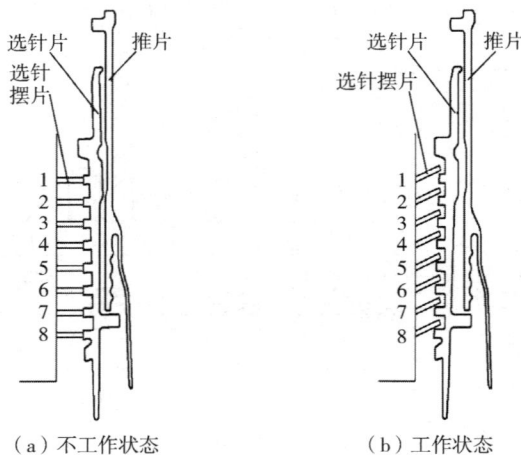

（a）不工作状态　　　　（b）工作状态

图 2-1-6　选针状态

选针片上的选针齿共有八档（又称八段针脚），每片选针片只有一档选针齿，可以排列为"/"或"\"，与此八档选针齿相配合的是八档选针摆片，它们成一一对应的关系，通过八档选针摆片对选针齿的作用和不作用来达到选针的目的，其结构如图 2-1-7 所示。

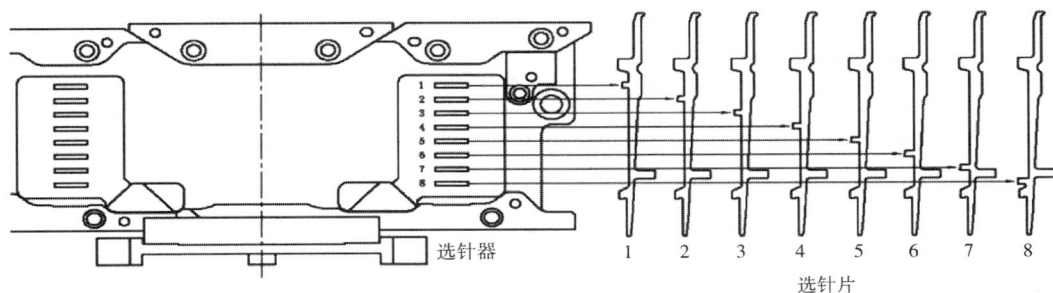

图 2-1-7　选针器与选针片片齿对应关系

（二）成圈机件配置

1. 针床

针床由一块长方形钢板制成。在针床上镶有很多平行排列的可更换钢片，在钢片与钢片之间形成针槽，织针和其他选针机件被顺序地排列在针槽中，可以沿针槽上下运动。通常配备两个针床，靠近操作工的是前针床 1，与它相对的是后针床 2，分别放置在机座 3 的两边，两个针床夹角通常为 100°，如图 2-1-8 所示。

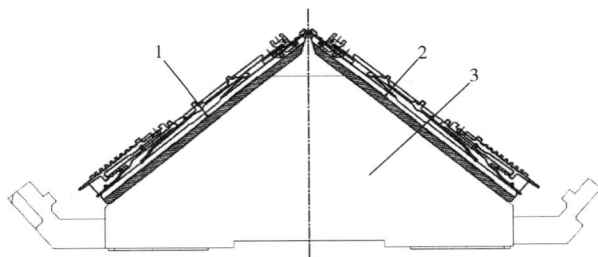

图 2-1-8　针床配置侧视图

1—前针床　2—后针床　3—机座

2. 织针、选针机件与针床的配置

在同一针槽中，同时排列着织针 1、挺针片 2、推片 3、选针片 4。其中织针在针槽滑动面上滑动，其尾部有一缺口，与挺针片的头部相联结配合成为一体。挺针片的尾部也在针槽滑动面上滑动。由于挺针片具有一定的弹性，当它的后半部受到外力作用时，其片踵即沉入针槽内，从而使织针退出工作。推片位于挺针片后端上部，它的片踵可处于 A、B、H 三个位置，并受机头上压片的控制，以使织针在同一横列中达到成圈、集圈或不编织三种状态，如图 2-1-9 所示。

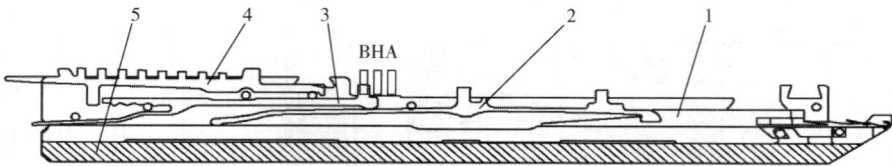

图 2-1-9　成圈与选针机件配置图

1—织针　2—挺针片　3—推片　4—选针片　5—针床

3. 成圈系统配置

成圈系统主要由两个编织系统 S1 和 S2、两个移圈系统 T1 和 T2、四个选针系统 C1、C2、C3 和 C4 组成。

4. 三角结构

三角结构通过对选针、弹簧针、长针的作用，达到各个编织动作。图 2-1-10 所示为双系统山板结构，其中①~⑯具体如下。

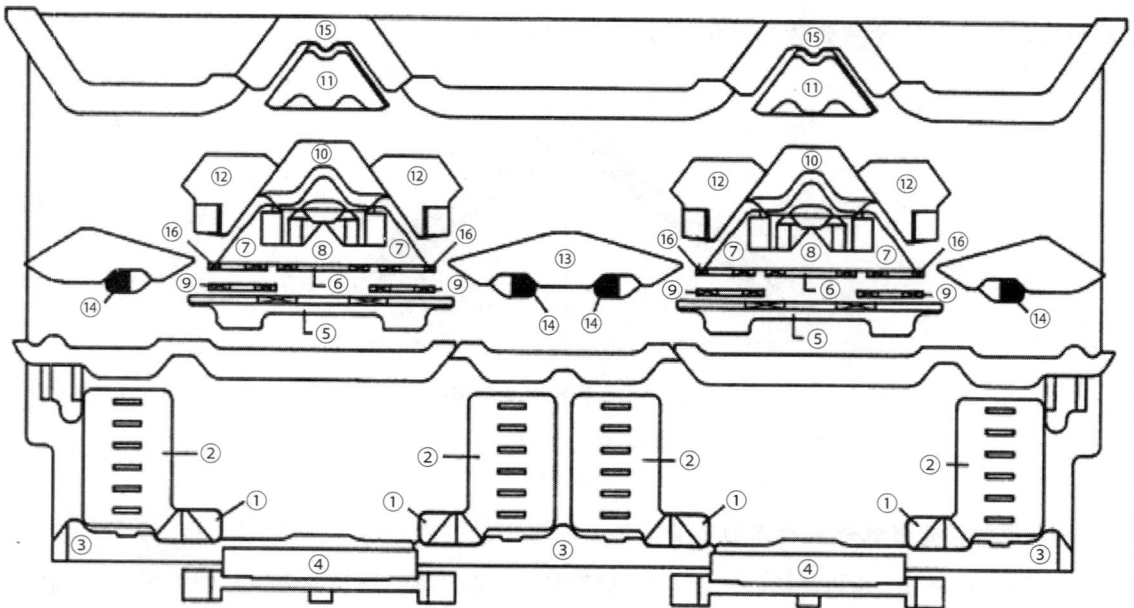

图 2-1-10　双系统山板结构

①选针推针三角：作用于经选针器重选的选针针脚，将弹簧针脚推往 A 位置。

②选针器作用于选针片：预选或重选六段选针针脚选针至 A 位置或 H 位置。

③选针导针三角：作用于经选针器预选的选针针脚，将弹簧针脚推往 H 位置。

④选针归位三角：使那些被选针器压进去的选针针脚恢复原来的位置。

⑤固定不织压片：作用于 B 位置之选针针脚，使之形成不织。

⑥吊针压片：作用于 H 位置之选针针脚，使之形成吊目。

⑦推针三角（碟山）：将针脚推至织或吊目位置。

⑧接针三角：翻针时接针针脚所行轨迹的三角。

⑨半压片：作用于 H 位置之选针针脚，使之在翻针时接针或在二段度目中吊目。

⑩中山（天山）：将经由推针三角⑦推到编织位置之针脚，顺着其轨迹往下移动。

⑪翻针导块：翻针时针脚上升之三角。

⑫度目三角：上下移动调整度目。

⑬导针三角：将 A 位置弹簧针移至 H 位置。

⑭选针清针三角：将已被至 H 位置之针脚移至 B 位置。

⑮翻针导针三角：与翻针推针三角同时使用，翻针时引导翻针针脚下降至三角。

⑯二段度目压片：作用于使用二段度时。

二、编织机构

（一）编织流程主要机构

编织流程主要机构包括选针、密度调节、沉降片配置、牵拉、针床横移、主传动、自停检测机构。

1. 选针机构

在电脑横机的整个工作过程中，选针工作是关键。由于两个系统只采用四套选针器，因此，前一编织行程需要为下一编织行程进行预选针。

电脑横机能使织针在一个横列内达到编织、集圈和不编织三种工作状态。这三种工作状态是根据每枚织针对应的推片所处的位置（A、H、B），与不织压片、接圈压片、集圈压片的运动位置配合实现的。在编织过程中，未被选上的选针片所对应的推片处于 B 位置，相应的织针不参加编织；只经过一次选针（预选）的选针片所对应的推片处于 H 位置，相对应的织针参加集圈或接圈；经过两次选针的选针片所对应的推片处于 A 位置，相应的织针参加成圈或移圈。因此，电脑横机具有以下几种编织状态：不织、成圈、集圈、既成圈又集圈、移圈、接圈、既移圈又接圈（前后对翻）。

2. 密度调节机构

密度调节机构的作用是根据织物的密度要求来调节线圈的大小，密度调节机构工作时应快速、准确、可靠，通过给定不同的密度值来控制成圈三角的压纱深度而达到相应密度的线圈。图 2-1-11 是密度调节机构图。

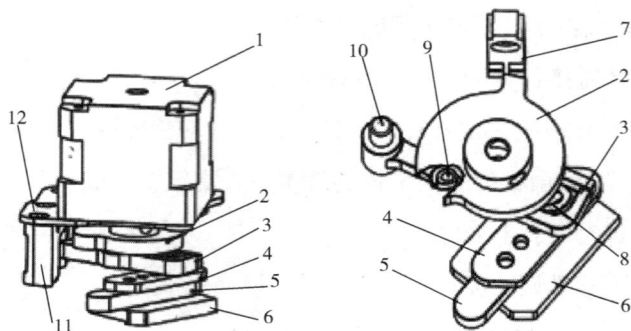

图 2-1-11　密度调节机构图

1—电动机（步进电动机）　2—密度凸轮　3—密度控制杆　4—连接块　5—滑块

6—成圈三角　7—密度原点感应器　8—连接块轴承　9—密度控制杆轴承

10—铰轴　11—步进电动机固定座　12—步进电动机安装板

密度调节机构工作原理：步进电动机通过步进电动机安装板固定在步进电动机固定座上，密度凸轮固定于步进电动机轴上，在密度凸轮的里侧加工有一条阿基米德螺旋槽，密度控制杆可绕铰轴转动，密度控制杆轴承固装在密度控制杆上且位于密度凸轮阿基米德螺旋槽内，连接块、滑块和成圈三角通过螺针和销钉固装在一起，并可随滑块一起在三角底板上的滑块槽中滑动，连接块轴承固定在连接块上且位于密度控制杆的滑槽内。当步进电动机带动密度凸轮转动时，密度凸轮的螺旋槽驱动密度控制杆轴承运动，密度控制杆轴承带动密度控制杆绕铰轴转动，密度控制杆转动时通过滑槽带动连接块轴承与连接块、滑块、成圈三角一起滑动，步进电动机转动的角度不同，驱动成圈三角滑动的位置也就不同。为了保证密度值的稳定，步进电动机在驱动成圈三角之前，密度凸轮必须位于一个初始位置，这个初始位置通过密度原点感应器控制。

3. 沉降片配置机构

沉降片装置是一种特殊的牵拉机构，可以实现对单个线圈的牵拉和握持，且可以作用在成圈的整个过程中，对在空针上起头、成形产品编织、连续多次集圈和局部编织十分有效。基于这种牵拉技术，还可以在同一台机器上编织出各种不同衣片连成一体后的整片衣片，有的甚至能够编织出整件服装，从而节省了因缝纫产生的原料浪费和劳动力浪费。近年来，由于电子控制技术在横机上的广泛应用，沉降片技术与电子控制技术相结合，大幅提高了横机的编织能力。目前，国内外的电脑横机上几乎都装有沉降片装置。

图2-1-12为电脑横机的沉降片结构。沉降片4以钢丝3为支点在沉降片床5的槽内做往复旋转动作，通过与织针8的运动轨迹的配合来完成对线圈7的牵拉作用。

4.牵拉机构

牵拉机构由上牵拉机构（皮罗拉机构）和下牵拉机构组成，其结构如图2-1-13所示。

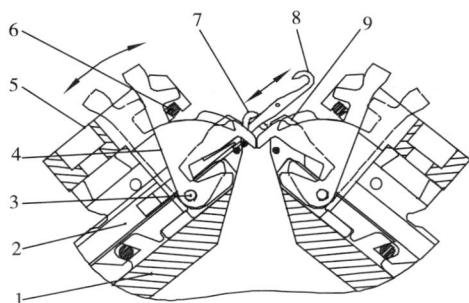

图 2-1-12　沉降片结构

1—针床　2—针床插片　3—钢丝　4—沉降片

5—沉降片床　6—限位钢丝

7—线圈　8—织针　9—齿片

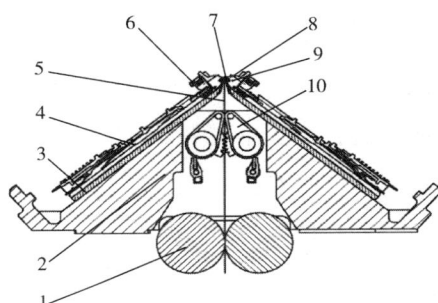

图 2-1-13　上牵拉和下牵拉机构

1—下牵拉机构　2—针床基座　3—针床

4—针床插片　5—织物　6—沉降片床

7—织针　8—齿片　9—沉降片　10—上牵拉机构

5.针床横移机构

图2-1-14所示是电脑横机的针床横移机构，LXC-252SC电脑横机采用后针床横移、前针床固定的方式。后针床5与连接板4的一端用内六角螺钉和销连接，连接板4的另一端固定在滚珠丝杠组件3上，伺服电动机2通过同步带1驱动滚珠丝杠组件3带动后针床5横向移动，右超行程微动开关6、左超行程微动开关8和超行程触头7起到针床超行程保护作用，原点感应器10和原点感应板9定位针床的起始位置，原点感应板9固装于滚珠丝杠组件3上，感应

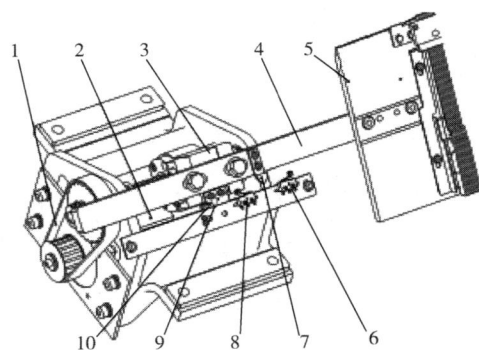

图 2-1-14　针床横移机构

1—同步带　2—伺服电动机　3—滚珠丝杠组件

4—连接板　5—后针床　6—右超行程微动开关

7—超行程触头　8—左超行程微动开关

9—原点感应板　10—原点感应器

触头（超行程触头）7 固定于连接板 4 上。

针床横移机构移动范围左、右各 25.4mm（1 英寸）。根据编织工艺要求，在编制编织程序（打板）时，给定相应的针床位置，在编织时能够自动执行。针床横移机构采用伺服电动机和滚珠丝杠传动，传动精度高，定位准确。在进行移圈（翻针）时，针床横移机构可以使用"反振"功能。所谓"反振"，就是针床移动超过所需位置的一定距离（例如1/2针距，超过的距离值可在编程中设定），再返回到所需位置。使用"反振"功能，可以适当地扩大线圈，使移圈更容易。

6. 主传动机构

主传动机构的作用是带动机头运行配合选针与成圈机件进行编织动作。主传动由一个伺服电动机驱动，经过两级同步带齿轮传动，再由同步带驱动机头做横向往复移动。机头空载最高运行速度为 1.2m/s，传动机构示意图如图 2-1-15 所示。

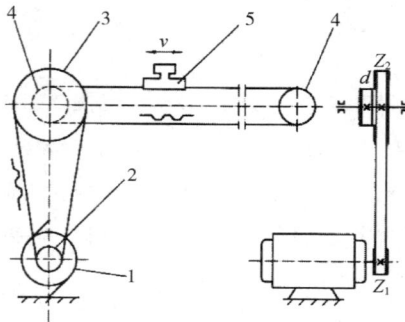

图 2-1-15　主传动机构示意图

1—伺服电动机　2—电动机带轮　3—减速带轮　4—驱动带轮　5—机头

7. 自停检测机构

为了保证编织的正常进行和织物的质量，减轻操作者的劳动强度，电脑横机上设计和安装了一些检测自停装置。当编织时检测到坏针、断纱、粗纱结等故障时，这些装置向控制系统发出停机信号并接通故障信号灯和发出报警声，机器立即停止运转。

电脑横机安装的检测自停装置有：坏针、断纱、粗纱结、撞针、缠绕（倒卷布）、摇床超行程、沉降片位置不当等自停装置。

8. 电源部分

电源部分用于提供计算机及控制部分的各种交直流电压，要求电压稳定，无杂波干扰。计算机及控制部分是整个系统的核心部分，用于控制和协调各个部分的动作、编织指令的输入、花板的加载、错误的报警等。

（二）起底板机构

1. 起底板升降机构

起底板升降机构如图2-1-16所示。力矩电动机2通过主动链轮4驱动从动链轮7使推进轴1旋转，经驱动带轮5驱动同步带6在竖直方向做直线运动，从而由同步带6带动起底板14做上升或下降的动作。

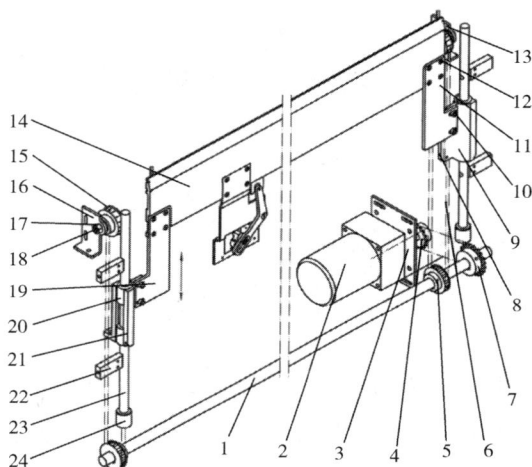

图2-1-16　起底板升降机构

1—推进轴　2—电动机　3—电动机连接板　4—主动链轮　5—驱动带轮　6—同步带
7—从动链轮　8—同步带夹　9—右升降滑座　10，12—螺钉　11—右升降板　13—右带轮板
14—起底板　15—从动带轮　16—左带轮板　17—螺母　18—皮带轮轴　19—左升降板
20—直线轴承　21—左升降滑座　22—支承块　23—升降滑杆　24—缓冲橡胶

2. 起底板出针机构

起底板出针机构如图2-1-17所示。步进电动机1驱动推进凸轮3旋转，通过推进摇杆4的摆动来带动推进滑杆9做水平方向的往复直线运动，推进滑杆9的台阶槽将水平运动转换为起底针托板11的竖直运动，从而带动起底针14在起底针套15的针槽内做竖直方向的往复直线运动，达到起底针打开与闭合的目的。

（三）给纱装置

电脑横机的给纱装置由天线台、积极送纱器、侧纱张力器、导纱器组成，如图2-1-18所示。

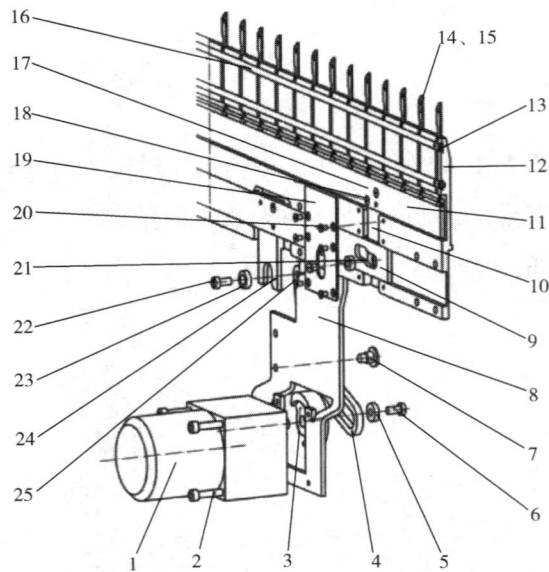

图 2-1-17　起底板出针机构

1—电动机　2，6，13，18，20，22—螺钉　3—推进凸轮　4—推进摇杆　5、21、23—轴承　7—轴位螺钉

8—电动机连接板　9—推进滑杆　10—上下滑块　11—起底针托板　12—起底板　14—起底针　15—起底针套

16—压条　17—销　19—压板　24—推进片　25—轴承小轴

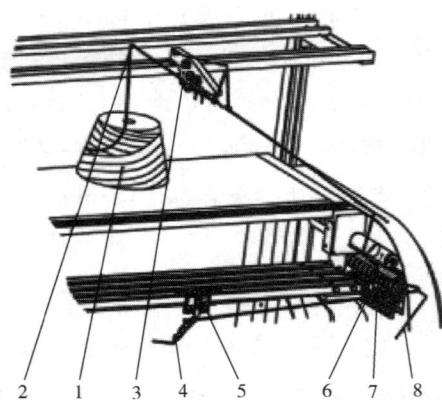

图 2-1-18　给纱装置图

1—导纱环　2—纱筒　3—天线台　4—纱嘴　5—纱嘴座　6—侧纱张力器　7—积极送纱器　8—侧张力簧

1. 天线台

天线台又称纱线控制器，如图2-1-19所示，可分为单探测杆天线台和双探测杆天线台。单探测杆天线台在探测到断纱和纱结时停机；双探测杆天线台在探测到断纱、粗纱结

时停机，探测到细纱结时机器慢速运行，程序中设定的行数避免在编织时断纱。通常电脑横机用双探测杆天线台。

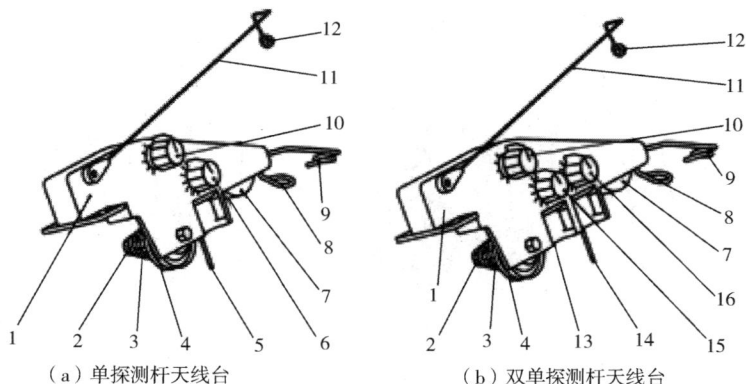

（a）单探测杆天线台　　　（b）双单探测杆天线台

图2-1-19　天线台

1—天线台本体　2，4—张力盘　3—张力盘弹簧　5—纱结探测杆　6—纱结探测杆调整钮　7—指示灯

8—短穿线簧　9—长穿线簧　10—张力簧调整钮　11—张力弹簧　12—瓷眼　13—大结探测杆

14—小结探测杆　15—大纱结探测杆调整钮　16—小纱结探测杆调整钮

2. 积极送纱器

如图2-1-20所示，积极送纱器的送纱辊以固定的圆周速度6350r/mm转动，依靠纱线与送纱辊之间摩擦来提供编织机所需的最大耗纱量。积极送纱器可以使纱线以恒定的张力喂入导纱器和织针，积极送纱器所提供的纱线应该比导纱器所需要的量略多。

3. 侧纱线张力器

侧纱线张力器监测纱线并给纱线一定的张力，如图2-1-21所示。当纱线松弛或导纱器回纱时，侧张力簧弹起纱线由制动盘夹住，并拉紧纱线保持张力，当纱线断裂或用完时，它将使编织机停止运行。与天线台相比，其停机速度更快，并且能保留较长的纱线夹持张力。利用侧纱线张力器可以很容易地处理较重等特殊的纱线。

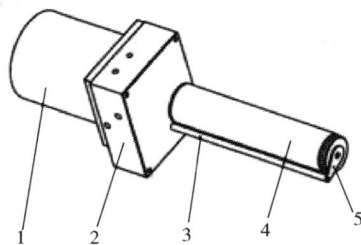

图2-1-20　积极送纱器

1—电动机　2—送纱箱体　3—防结轴

4—送纱辊　5—连接板

4. 导纱器

导纱器可分为普通导纱器和嵌花导纱器，如图2-1-22所示。导纱器安装距离闭合针舌的距离应为0.5～1mm，并在两面织针交叉中

间，左右两边离织针的距离各为4~5针，如图2-1-23所示。

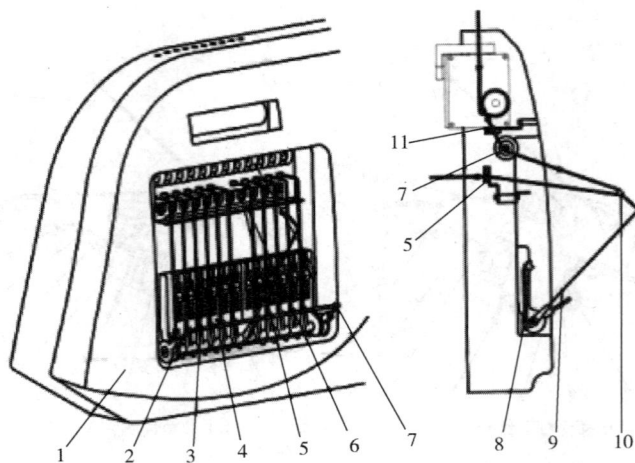

图 2-1-21　侧纱线张力器

1—安全护盖　2—导电棒　3—张力钮　4—调节座　5，11—瓷钩　6—限位板

7—制动盘　8—弹簧　9—侧张力簧　10—瓷管

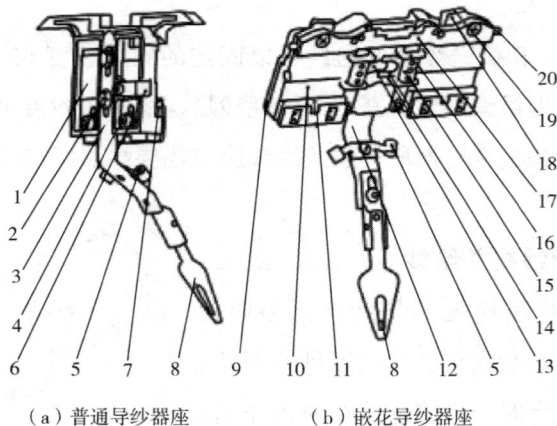

（a）普通导纱器座　　　（b）嵌花导纱器座

图 2-1-22　导纱器

1—普通纱嘴本体　2—纱嘴上下调整螺钉　3—纱嘴柄　4—滑动间隔调整螺钉

5—弹簧片　6—瓷眼　7，11—斜导块　8—纱嘴　9—嵌花纱嘴座盖板　10—嵌花纱嘴本体

12—嵌花纱嘴柄　13—左带动杆　14—右带动杆　15—制动凸轮　16—制动片

17—斜导板　18—嵌花纱嘴对中拔块　19—嵌花纱嘴偏斜拔块　20—限位撞杆

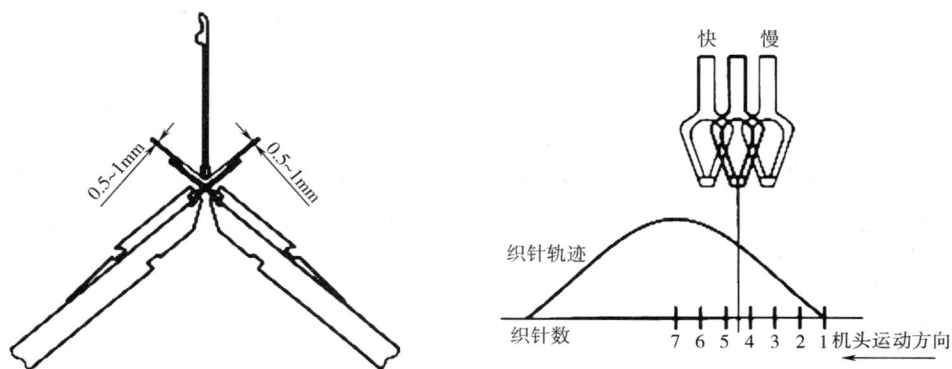

图 2-1-23　导纱器安装要求

第二节　单级式电脑横机结构及原理

　　单级选针电脑横机具有编织效率高，织物产品丰富、自动化程度高等优点。单级选针方式的主要代表机型是德国斯托尔（STOLL）公司的 CMS 系列电脑横机。

一、机器主体结构及特点

　　机器的主要特点是单段选针，利用磁铁选针间隔距离近的优势加快选针。选针方式决定机器结构。机器主要结构有控制机构、操作面板、纱架、机头、针床、梭杠、导纱器、牵拉机构以及机架，如图 2-2-1 所示。

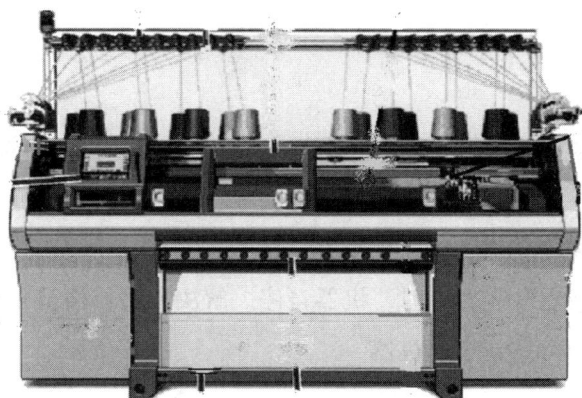

图 2-2-1　电脑横机的外观结构

这种结构特点是选针动作与编织动作紧凑，选针织针同行工作，减少了不必要的空行。

（一）自停系统

控制机构即电控系统，控制整个电脑横机，并且在运行过程中遇到故障会自动停机。自动停机是机器自我保护和安全生产的重要功能，STOLL的电脑横机有很多的自停功能，常见的自停系统有以下几种。

1. 断纱自停

在编织的过程中，如果发生断纱或纱线用完的现象，机器会自停，主要有顶部纱线控制装置自停和侧张力弹簧自停，自停后，机器触摸屏弹出故障窗口。解决方法：重新穿上纱线后，确认故障排除，重新运行机器。

2. 大结头自停

在编织过程中，如果纱线中有大的结头，机器通过顶部纱线控制装置的大结头探测器检测自停，机器触摸屏上显示故障窗口。解决方法：清除纱线上的大结头，将大结头探测器复位，确认故障排除，可启动机器。

3. 保护盖打开自停

在编织过程中，如果打开机器的保护盖，机器自停，此时可以通过手动握持黄色操作杆让机器运行，但是如果松开握持，机器还会自动停机。确认故障排除，关好保护盖后，可启动机器。

4. 探针自停

在编织过程中，由于织针损坏等，织物无法向下牵拉，堆积在针床口。机头上的探针碰到针床口的织物，促使机器自停。解决方法：清除堆积在针床口的织物，确认故障排除。

5. 撞针自停

在针床下面，有撞针的感应器，当机器发生撞针时，针床受到撞击，机器自停。解决方法：查明撞针原因，更换织针，清洁针床上的碎片，确认故障排除，可重新启动机器。

6. 积极送纱装置绕纱自停

当纱线缠绕在积极送纱装置上时，机器自停。解决方法：清洁积极送纱装置上缠绕的纱线，确认故障排除，可重新启动机器。

7. 侧门打开自停

在编织的过程中，当机器侧门打开时，机器自停。解决方法：重新关好侧门，确认故障排除。

8. 牵拉梳挡板（保护盖）打开自停

当牵拉梳的保护盖被打开时，机器自停。解决方法：盖好牵拉梳保护盖，确认故障排除。

9. 牵拉梳电动机转动太快或太慢自停

编织过程中，如果牵拉值太大或太小，机器自停。解决方法：修改牵拉值到合适的大小或降低探测器的灵敏度，确认故障排除。

（二）纱架、编织与牵拉的特点

1. 纱架与导纱装置

特点是天线和侧天线均可调节，纱线通过纱结装置的间隙大小也可根据纱线粗细进行调整。

2. 编织机构

特点是编织原理简单，可织花型多样，编织速度快、效率高。

3. 牵拉机构

拥有起底板加上罗拉的模式，既减少了废纱的使用，又提高了生产效率。

（三）机器主要优点

（1）操作面板采用 Windows 人性化操作界面以及触摸屏的操作方法，机器操作极其简单、方便。

（2）采用电磁脉冲的物磨损选针方式，对针床上的每一枚织针，可独立选针，保证机器编织过程中，选针的准确无误。

（3）每种机型具有很好的易变性，可根据实际编织需要，更换针床以改变机号。

（4）配备图形化的花型设计系统，设计编织的任意花型，可显示编织效果图形和工艺编织过程。

（5）适应广泛的编织品种，可编织基本组织、花色组织、变针距组织、成型衣片、三维立体织物以及整件毛衫。

二、舌针、沉降片与选针机件

该系列电脑横机舌针与选针机件间的配置关系如图 2-2-2 所示。与多级式不同的地方主要为：多级式挺针片有两个针踵，单级式只有一个；多级式八段选针，单级式选针中间也只有一个针踵。各主要元件作用如下。

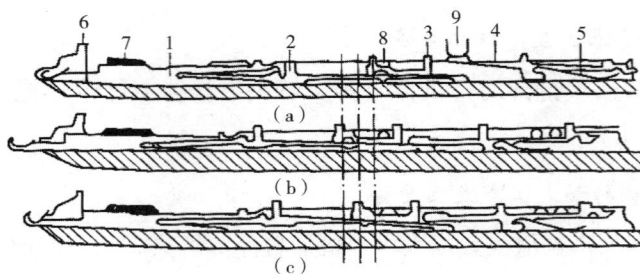

图 2-2-2　舌针与选针机件的配置

1. 织针

与手动横机一样，主要采用舌针。为了便于在前后针床进行移圈，除了普通舌针的特点之外，电脑横机所采用的舌针还带有一个扩圈片，在移圈时，一个针床上的织针可以插到另一个针床织针的扩圈片中。在针槽中，织针 1 由塞铁 7 压住，以免编织时受牵拉力作用使针从针槽中翘出，它由挺针片 2 推动上升或下降。

2. 挺针片

挺针片 2 和织针 1 嵌在一起。挺针片的片杆有一定的弹性，当挺针片不受压时，片踵伸出针槽，可以沿着机头中的三角轨道运动并推动织针上升或下降；当挺针片受压时，片踵进入到针槽里边，不与三角作用，其上的织针就不能上升或下降。

3. 中间片（又称压片）

中间片 3 位于挺针片 2 之上，当它的上片踵与三角系统中的压条作用时，中间片向下压向挺针片，使挺针片片踵进入针槽，离开三角的作用；当它的上片踵不受压时，下面的挺针片片踵就会向外翘出，与三角作用。

4. 选针片

选针片 4 直接受电磁选针器 9 的作用。当选针器 9 有磁性时，选针片被吸住，选针片不会沿三角上升，其上方的中间片在压条 8 的作用下将挺针片压入针槽，织针保持不工作状态；当选针器无磁时，和选针片 4 镶嵌在一起的压簧 5 使选针片 4 的下片踵向外翘出，选针片在相应的三角作用下向上运动，推动中间片向上运动，使其突出部位脱离压条 8 的作用，它下面的挺针片 2 被释压，挺针片片踵向外翘出，可以与三角作用，推动织针工作，如图 2-2-2（b）所示。在每次选针之前，所有的挺针片都被压入针槽，处于图 2-2-2（a）所示的状态，只有在机头运行中被选上的针的挺针片处于图 2-2-2（b）所示的状态。

5. 沉降片

图中 6 为沉降片，它配置在两枚织针中间，位于针床的齿口部分的沉降片槽中。两个针床上的沉降片相对排列，由机头中的沉降片三角控制沉降片片踵使沉降片前后摆动。

三、三角系统

这一系统有挺针片、中间片（中间片功能对应弹簧针）、选针片的工作轨道，图 2-2-3 为该系列横机一个成圈系统的三角结构平面图。主要的部件以及编织作用如下。

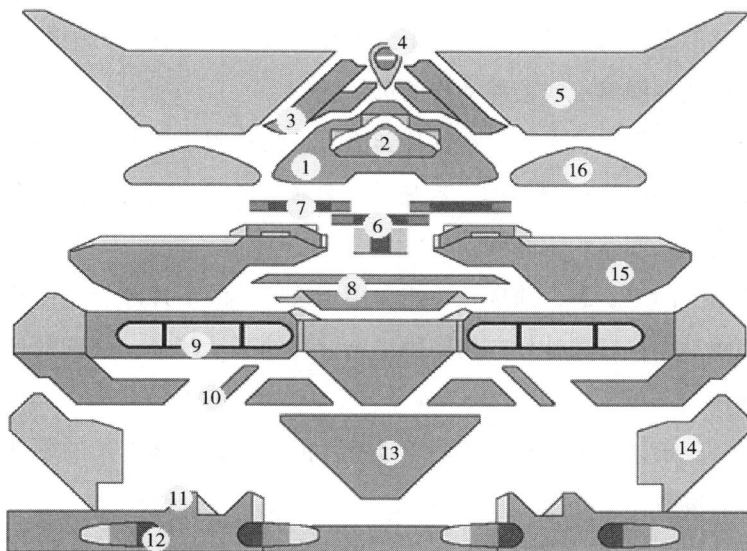

图 2-2-3　三角系统

①起针三角，固定状态，使挺针片片踵沿该斜面上升，做成圈或集圈编织。

②接圈三角，固定状态，使挺针片片踵沿该斜面上升，做接圈动作。

③压针三角，活动状态，依靠内侧，作用于织针，使织针下降到一定的高度（该高度决定了线圈的密度，越高则密度越紧）；依靠外侧，使挺针片片踵沿该斜面上升，以完成移圈动作。

④导向三角，左右摆动状态，使做移圈动作的挺针片从上针道滑到编织针道中。

⑤挺针片复位三角，使挺针片归位，为编织做准备。其内侧可作用于挺针片片踵，使完成接圈动作的挺针片归位。

⑥集圈压板，可上下运动，当系统工作时，控制中间片的上片踵，如果作用于中间片，则通过中间片，使挺针片压入针槽中，对应的织针完成集圈编织。

⑦接圈压板，同集圈压板一同上下运动，当系统工作时，控制中间片的上片踵，反复作用于中间片，则通过中间片，使挺针片压入或弹出针槽，对应的织针完成接圈动作。

⑧中间片分档三角，形成了中间片下片踵的三个通道：在上通道中，中间片的上片踵露出针槽，使挺针片完成成圈编织或移圈动作；在中间通道，中间片的上片踵在集圈压板或集圈压板的压力下，完成集圈编织或接圈动作；在下通道中，则不编织或浮线编织。

⑨选针器，固定状态，由永久磁铁和两个选针点组成。选针前，永久磁铁吸住选针器顶部，选针或不选针的状态取决于选针点处的吸力是否中断。电磁脉冲没有发出信号，则处于不选针状态；如果在第一点发出信号，磁铁吸力中断，选针片的下片踵从针槽弹出，完成成圈编织或移圈动作的选针；如果在第二点发出信号，磁铁吸力中断，选针片的下片踵从针槽弹出，完成集圈编织或接圈动作的选针。

⑩选针片上三角，固定状态，前选针片斜面上三角作用于选针片的中间片踵上，使选针片上升，完成成圈编织或移圈动作；后选针片斜面上三角作用于选针片的中间片踵上，使选针片上升，完成集圈编织或接圈动作。

⑪选针片三角，固定状态，前选针片三角用于选针片的下片踵上，使选针片上升，完成成圈编织或移圈动作；后选针片三角作用于选针片的下片踵上，使选针片上升，完成集圈编织或接圈动作。

⑫选针片准备三角，固定状态，作用于选针片的尾部，使选针片的尾部进入针槽，为选针片的选针做好准备。

⑬、⑭选针片复位三角，固定状态，作用于选针片，将选针复位到最低处。

⑮中间片复位三角，固定状态，作用于中间片，使中间片处在正确的走针轨道位置上。

⑯挺针片复位三角，固定状态，作用于挺针片，使挺针片处在正确的走针轨道位置上。

电脑横机的机头内可安装1至多个编织系统，现在最多可有6个编织系统。机头也可以分开成为两个（如一个4系统机头可分为两个2系统机头）或合并为一个，当分开时，可同时编织两片独立的衣片。

四、针运动轨迹

织针在不同的三角轨道中可以实现不同的编织动作，基本的编织动作有编织、不编织、集圈、翻针等，具体的走针轨迹如下。

（一）编织成圈、集圈、浮线的走针轨迹

图2-2-4所示为假设机头方向向左移动，在成圈编织、集圈编织、不编织（浮线编织）时各个织针的走针轨迹。

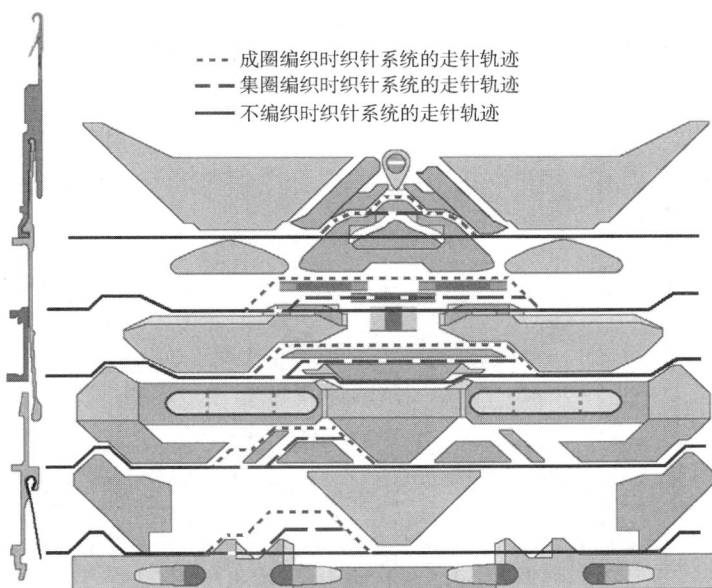

图2-2-4　成圈、集圈、浮线的走针轨迹

当机头向左移动时，此时位于三角左侧的选针器⑨进入工作。选针开始时，选针片的尾部受复位三角作用，其顶端向上摆出针槽，先被选针器一直吸住；随着机头向左运动，织针的工作状态取决于是否在选针器上有脉冲的作用。

如果在第一点和第二点均没有电磁脉冲的作用，从而选针片顶部一直被选针器磁铁吸住，则选针片的下片踵沉入针槽，中间片仍处于水平位置，此时挺针片的片踵也沉入针槽，对应的织针不参加工作或者浮线编织。

如果在第一点上电磁发出脉冲，则选针片的顶部吸力中断，从而选针片在选针弹簧作用下，顶部离开选针器磁铁，尾部从针槽摆出，选针片会沿着选针三角的斜面上升，推动中间片上升，此时挺针片没有受到任何中间片的压力，从针槽中摆出，沿着起针三角上升，完成成圈编织动作。

如果在第二点上电磁发出脉冲，则选针片的顶部吸力中断，从而选针片在选针弹簧作用下，顶部离开选针器磁铁，尾部从针槽摆出，则选针片会沿着第二选针三角斜面上升；选针片推动中间片上升，此时挺针片沿着起针三角上升；随着中间片的运行，其上片踵受到集圈压板的压力，中间片在压力的作用下，压住挺针片，使挺针片沉入针槽，完成集圈编织。

（二）翻针中移圈和接圈的走针轨迹

如图2-2-5所示，假设机头方向向左移动，当三角系统在做翻针工作时，集圈压板工作位置要下降一个高度的距离；前部的压针三角下降到最低的位置，而后部的压针三角上抬到较高的位置。

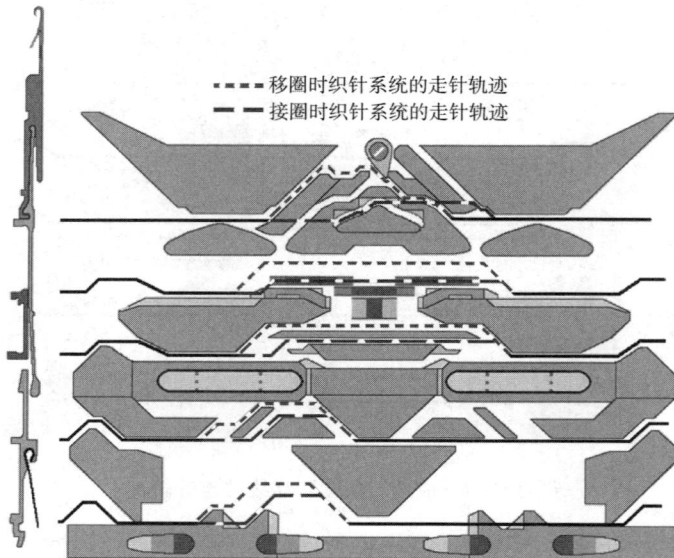

图 2-2-5 移圈和接圈的走针轨迹

当机头向左移动时，此时位于三角左侧的选针器进入工作。选针开始时，选针片尾部受复位三角作用，其顶端向上摆出针槽，先被选针器一直吸住；随着机头向左运动，织针的工作状态取决于是否在选针器上有脉冲的作用。

如果在第一点上，电磁发出脉冲，则选针片的顶部吸力中断，从而选针片在选针弹簧的作用下，顶部离开选针器磁铁，尾部从针槽摆出，则选针片会沿着选针三角的斜面上升；选针片推动中间片上升，从针槽中摆出；此时，挺针片没有受到任何中间片的压力，从针槽中摆出，沿着起针三角上升到较高位置，使织针上的线圈滑落到织针上的扩圈片上，完成移圈动作。

如果在第二点上，电磁发出脉冲，则选针片的顶部吸力中断，从而选针片在选针弹簧作用下，顶部离开选针器磁铁，尾部从针槽摆出，则选针片会沿着第二选针三角的斜面上升，推动中间片上升，此时挺针片沿着起针三角上升；随着中间片的运行，其上片踵受到接圈压板的压力，中间片在压力作用下，压住挺针片，使挺针片沉入针槽，使挺针片不能沿着压针三角的边缘和起针三角上升；当经过第一块接圈压板后，中间片被释放，中间片的上片踵露出针床，沿接圈三角上升到接圈高度，此时针头正好进入对面针床上对应织针的扩圈片内；然后第二块集圈压板重新作用于中间片上片踵，使挺针片再次沉入针槽；经过第二块接圈压板后，中间片露出针槽，完成接圈动作。

以上是常见的在编织和翻针过程中的走针轨迹，对于特殊编织，如毛圈编织，则其要更换挺针片复位三角。三角的变化会引起走针轨迹的变化，这主要是为满足毛圈的编织要求。

第三章　机台重点调试

电脑横机安装好后在正式生产运转前，需要对机器进行适应性调试，包括位置调整、参数调整和机器磨合等重点操作环节的调试。调试重点在于调试的理念、调试的基本方法，针对具体要求有不同的调试方法。

第一节　安装调试

一、电脑横机结构功能

随着技术的不断进步，电脑横机构造存在差异，常见外观如图 3-1-1 所示。包括主要部件、开关及显示器。

图 3-1-1　电脑横机外观

（一）主要部件

1. 操纵杆

起动开关，顺转起动，反转停。

操纵杆共有三个位置，顺转两个，反转一个。顺转第一个位置是启动，大约转动 45°，第二个是高速运行，转到最大位置；反转一个是停止。

2. 机头

机头是控制织针和纱嘴座工作的装置。本书以单机头双系统为蓝本，是指在一个机头里有左右两个系统。左右系统的区分为：站在机器的正面，面对机器左边是左系统，右边是右系统。机头由山板、电源控制箱、铝外壳三大部分组成。

3. 防护罩

防止机器运作时身体的任何部位和其他物品进入机头运行范围造成人身意外伤害，或机头相撞而被毁坏。

4. 天杆

纱嘴乌丝座运行轨迹，共有四条。

5. 右（左）收线

控制纱线，断纱自停，调整送纱张力。

6. 输纱器

过滤并储存纱线，起送纱作用。

7. 天线台

纱线运行的轨道，过滤大的纱结，并拉紧纱线，提供断线报警。

8. 置纱板

放置纱线的平台。

9. 针板

针板分前床和后床两块，针板内装有织针，织针在机头的带动下完成各种编织动作。

10. 托盘

接纳编织好的织片。

（二）开关及显示器

1. 绿色按钮

按下开机，起动机器内部电源，打开系统。

2. 红色按钮

按下关机，切断机器内部电源，关闭系统。

3. U 盘插口

供机器读入 U 盘内容。

4. 急停开关

按下机器将停止运行，起到安全保护作用。转动弹起后才能开动机器。

5. 运行指示灯

横机正常工作时发绿光，待机时绿光闪，出现故障时发红光。

6. 显示屏

显示机器运行时的相关信息，并可在其上调整电脑横机参数，控制横机的工作。

二、安装要求

（一）环境与电力要求

1. 环境要求

机器避免安置在阳光直接照、靠近热源之处，避免安置于充满污垢、灰尘、有化学气体及潮湿之地。机器安置于水平地方，湿度应当介于 30% ~ 80%，最佳工作温度为 15 ~ 28℃。

2. 电力要求

要求单相交流电 220V、50Hz，市电波动范围应在 200 ~ 230V，超过范围应加装电力稳压器；最大功率通常为 1.5kW；机器接地防止触电。

（二）操作与维护要求

1. 安全方面

机器设定参数不随意改动；出现断纱需重新接纱等情况时，停止机器运行并按下"急停开关"；机器运转中防止身体的任何部位和其他物品进入机头运行范围；机器运转时不得打开后安全门及前防护罩；UPS 装置具有反接线侦测功能，机器电源接错时必须重新配接电源；严禁在机器运转、电源未切断的情况下进行维护、清理等操作。机器报警排除故障确保安全后，需报警复位后再运行，避免造成人为故障。

2. 维护方面

不使用机器时，需保证 7 天内至少启动电源 1 天，以确保电子线路处于正常；保证 15 天内至少运转机器 1 ~ 2h，同时需加防锈油，以保证机械部分处于正常状态；瞬间停电后再通电时，摇床电动机会因突然停止而没有摇到指定位置，需要检查总针位是否偏位，以避免机器故障；开机前用手推动机头在针床上往返运动一个全程，避免因杂物在针床内引起撞针及针脚未归位引起撞针；定期清理针板及各运动组件上的油渍、污垢；定期润滑各运动组件及导轨。

三、调机内容

主要包括机器总体部分、机头部分和磁盘与内存，将其作为一个整体，进行综合调节。

（一）机器部分

（1）水平校正：机器移动到适当位置，置入脚碲垫板，调节四个角的高度，调整脚碲垫板上的高度调整螺丝，用水平仪测量，使机器处于水平，待确定后，拧紧固定螺丝，防止变位。

（2）电源测量：在电源入口处测量，测量三相电源的电压是否正确和符合机器的规定电源要求，确定后，逐线固定，确定无误后方可通电。

（3）空运转：在机器的显示屏上输入基本参数，进行摇床校正、副罗拉校正、编码器校正、选针时间校正、机头原点校正，待上述做好之后进行空运转，空运转时，调整机头左右，测试1~8号纱嘴，测试不少于48h，目的是让新机器的每一个零件得到磨合，针板和导轨上油时间为24h/次。

（二）机头部分

（1）编织前调整：把机头盖打开，程序为总针数，调整切换器的高度（0.5~0.3mm），切换器的切换头左右吃纱嘴对称，调整毛刷位置，毛刷前后标准为与出针平行而贴在针上，毛刷高度则为吊目（即集圈）高度盖到针头，将所有天线及侧天线调好，纱嘴保持松紧适当，布轮托和主罗拉拉力调整适当。

（2）空线起床：先检查纱嘴使用状况（高度、前后、上下的间隙）；检查编幅（开针数的状况），度目，速度，罗拉，副罗拉拉力和开合，纱嘴停放点；检查执行书面速度，其底度目20，副罗拉开合20，侧罗拉拉力77，速度100/40%（全速为100，现在速度为40）。

（3）细目编织：目的使针路与针板编织融合，使织针在针槽里灵活，并坚持选针情况——有无乱花现象。

（4）测量度目（线圈大小）：度目值为50时，30cm纱线可编织9cm织物，使前后床的各个系统测量的度目一样，针号不同的机型数值不一样。

（5）翻针测试：用翻针程序编织翻针测试，看前床和后床与各口间是否有时间差，可移动机头上下来调整翻针的时间差。

（6）测量度目：观察上述动作正确后在再次量度目，因为翻针调节移动机头的上下，造成了度目的变动，因此重复步骤（4）测量度目。

（7）总针校正：用四平目（满针罗纹编织）程序编织测试，看机器喂纱快慢，从织出的布片上比较，调整方法，松开机头上的圆拱螺丝，左右移动机头盒使喂纱均匀，使四平目平整。

（8）双色总针：用两种不同颜色的纱线和用双系统同时编织四平目，目的是观察两个系统成圈是否有大小目，有大小目时重复步骤（4）。

（9）起底单纱：两个系统分别使用编织纬平组织，看度目是否有单线，目的是观察吃针吃太多时有单线，有则重复步骤（6）。

（10）双色提花编织：因翻针测试调整机头上下，总针测试调整了机头左右，造成了选针时间上的变动，故再次做6+6双色提花编织来观察选针时间是否正确，通过调整参数来改变选针时间，此测试由低速开始，慢慢加速到最高速度120cm/s，如果都无乱花出现则调整完成。

（11）翻针编织吊目：测试翻接针时是否有单线，若有，则重复步骤（3）～（8），则视吊目有无乱花产生及吊目位置有无吐纱。若有乱花，则调整机器参数，若有吐纱，则需要解决。

（三）磁盘与内存

调机之前需要准备一个专门用于调整的花样，花样宽度为机器针床宽度，花样要有前单面、后单面、来回翻针、左右移针等组织或编织动作，必须将日常生产能遇到的组织或编织动作都在花样上体现出来。

1. 磁盘操作

列出磁盘上所有文件；将CNT、PAT文件输入到内存；将内存中的CNT、PAT文件复制到磁盘；格式化磁盘；将磁盘中的某一个文件删除；当系统升级后，需将新的字库文件输入到内存；将PIC文件输入到内存等。

2. 内存管理

选择从磁盘输入的花板文件；内存程式编辑，可以对行号、色代号、编织指令等进入修改，进行跳行编辑、纱嘴交换（一系统和二系统交换）、纱嘴替换；可以进行花样简单的修改；可以将指定的花样输入内存；可以删除内存所有花样，刷新内存。

四、设置机器辅助功能

包括设定机器系统参数的第一、第二、第三页，设定工作参数第一页。

（一）设定机器系统参数第一页

进入系统参数设定菜单进行单项调试。

1. 针零位

设定读针的起始位置以及针距和机器总针数，（设定此项参数前，应先将同步带齿距校正）具体操作是先将机器左边对准第 1 枚针即可，然后按下 F1 就可设定针零位。

（1）在运行界面中点击复位按键，然后拧动操作手柄，运行机头进行复位。

（2）移动机头至针床左侧，将机头左侧铝盖/三角尖边缘对准针床的第一针处，然后点击"F5 自动输入"，系统将自动把当前脉冲值写入至"针零位"框中。针零位一定要在每英寸针数、总针数、总脉冲数设定完成复位后才能进行校对。1~4 是基础参数，必须严格按要求完成设定，若设置出错，则会出现选针错误，机头跑位错等现象。

2. 左系统纱嘴左右行零位

将左系统任意带上 1 枚纱嘴，然后用手推到第 1 枚针的位置（右行），按下 F1 即可确定。把机头左系统 1 号电磁铁打下，机头手推至纱嘴槽的右边沿，然后把界面上显示的针位置。填写入"左系统右行纱嘴零位"。机头手推至纱嘴槽的左边沿，然后把界面上显示的针位置填写入"左系统左行纱嘴零位"。

3. 右系统纱嘴左右行零位

将右系统任意带上 1 枚纱嘴，然后用手推到第 1 枚针的位置（右行），按下 F1 即可确定。把机头右系统 1 号电磁铁打下，机头手推至纱嘴槽的右边沿，然后把界面上显示的针位置填写入"右系统右行纱嘴零位"。机头手推至纱嘴槽的左边沿，然后把界面上显示的针位置填写入"右系统左行纱嘴零位"。

4. 机头左限位

将机头推到左边限位开关处，复位机头；在运行界面中点击复位按键，然后拧动操作手柄，运行机头进行复位，手推机头至左限位传感器亮，然后点击"自动输入"系统，将当前针位置自动写入左限位值内。

5. 机头右限位

将机头推到右边限位开关处。复位机头；在运行界面中点击复位按键，然后拧动操作手柄，运行机头进行复位，手推机头至左限位传感器亮，然后点击"自动输入"系统，将当前针位置自动写入左限位值内。

此外，还需设置机器的针距，设置选针器右行补偿（当机器右行有乱针现象时需补偿右行参数，机器高速乱针时减小参数，机器低速乱针时增大参数），选针器左行补偿（当机器左行有乱针现象时需补偿左行参数，机器高速乱针时增大参数，机器低速乱针时减小参数）。

（二）设定机器系统参数第二页

1. 纱嘴停放修正值λ

设定机器高速和低速时纱嘴停放的位置（1~14）。机头高速带不到纱嘴时可增大此参数设定值。λ设置机器高低速运转时纱嘴停放误差修正值，该参数一般不需调整。默认为"12"。

2. 电磁铁选针器高压调节

调整各种电磁铁的通电时间，设定选针器刀片工作时的电流等。

3. 度目电动机调节

度目复位速度调节，数字越大电动机复位速度就越快（通常1~10）；度目电动机最高复位速度调节，数字越大电动机复位速度就越快（通常1~10）。

4. 同步带齿距校正

用于修正同步带的长短以及带轮的误差。

（1）复位机头；在运行界面中点击复位按键，然后拧动操作手柄，运行机头进行复位。

（2）设定针床总针数内的脉冲数值；选中"同步带齿距校正值"框，然后点"F5自动输入"弹出同步带校正框。

（3）手推机头经过一次针零位传感器，右移机头至针床左侧，将机头左外侧铝盖边缘对准针床第一针，点击界面对话框的"下一步"，光标移至第二行框；右移机头至针床右侧，将机头左外侧山角边缘对准针床最后一针，点击界面对话框的"下一步"，光标移至第三行框；再点击"下一步"确定，系统将自动计算出左、右脉冲差值（即针床脉冲宽度），并自动输入该值至"同步带齿距校正值"框内。部分机械厂是以突出铝盖的三角尖对准。

此外，还设定机器的总针数；沉降片是否有效；微调度目电动机的位置。

（三）设定机器系统参数第三页

（1）四平度目零位修正：用于微调度目电动机的位置。

（2）摇床位置修正：调整摇床每摇一针的位置。

（3）摇床翻针位置修正：调整摇床翻针时的位置。

（4）系统参数读入电子盘：将所有的系统参数存入到电子盘中。

（5）从电子盘读出系统参数：当机器的系统参数发生意外丢失时，可以将存在电子盘中的参数读出来。

（6）系统参数写入到磁盘：将所有的系统参数存入到磁盘中，以备后用。

（7）从磁盘读出系统参数：当系统参数发生意外丢失时，可以将存在磁盘中的参数读出来。

（8）工作参数写入到磁盘：将正在使用的花型文件的工作参数复制到磁盘。

（9）从磁盘读出工作参数：可以将磁盘中的工作参数复制到正在使用的任何花型文件上。

（10）初始化工作参数：按下回车键，会有密码输入提示，即可将所有的系统参数和文件参数初始化，此项工作要小心操作。

（四）设定工作参数第一页

（1）起始针：设定花型从第几枚针开始编织。

（2）主电动机最高速度：设定主电动机可以运行的最高速度。

（3）主电动机限制速度：设定主电动机的速度。

（4）主电动机底速：设定主电动机慢速时速度。

（5）主电动机复位速度：设定机器复位时的速度，此项工作不能太快，否则会影响读针（0~20），一般在 10。

（6）自动归零件数：设定机器做完几件后归零，默认为 10 件。

（7）机头撞针灵敏度：设定机头撞针时计算机报警的灵敏度。

（8）主罗拉停止力矩：机器从编织状态退到停止状态时，主罗拉应保持一定的力矩。

（9）机头回转距：机头出编织区的距离。

五、三角各编织动作

机器编织前，须将机头和针床复位，机器在编织前首先要归零。

1. 织针不编织

不编织时的走针轨迹如图 3-1-2 所示。

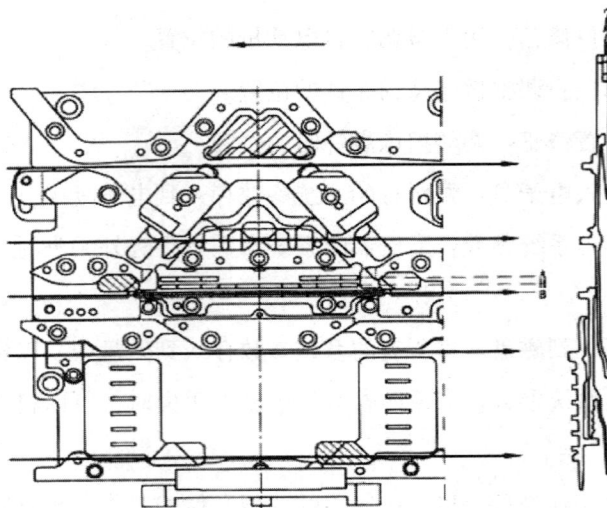

图 3-1-2　不编织时的走针轨迹

假定机头左行，这时选针器不工作，选针脚不被选上，织针处于初始位置不进入编织轨道。

2. 织针编织

编织时的走针轨迹如图 3-1-3 所示。

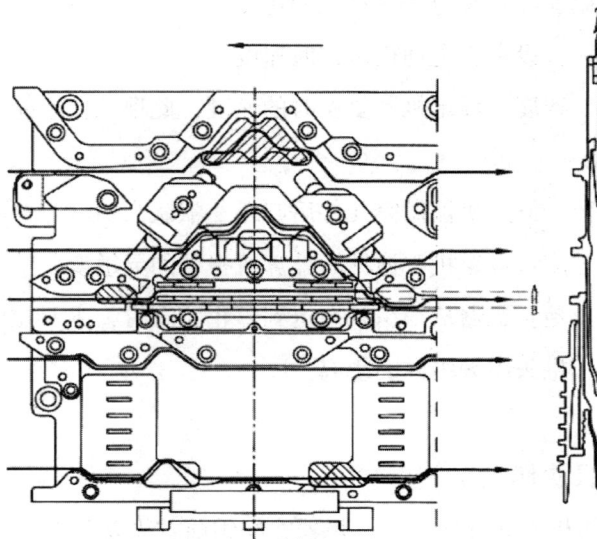

图 3-1-3　编织走针轨迹

假定机头左行，这时推针三角、清针三角、翻针三角都缩入三角底板，二段密度压片、摆开 A 位置，左边的选针器将参加编织的织针所对应的选针脚选上，推针三角将选针脚推到最高点，推动相应的推片到 A 位置，之后选针脚沿选针导针三角、选针脚复位三角回复到初始位置，右边的选针器将第二系统需参加编织的织针所对应的选针脚选上，选针脚沿选针导针三角上升推动相应的推片到 H 位置；同步地处于 A 位置的推片在经过导针三角、清针三角后回到初始位置，右边选针器选上的选针脚再将相应的推片推到 H 位置；挺针脚带动织针沿挺针三角上升到集圈高度后，再沿挺针三角上升完成退圈，之后沿成圈三角、可调导针三角完成编织。

3. 织针集圈

集圈时的走针轨迹如图 3-1-4 所示。

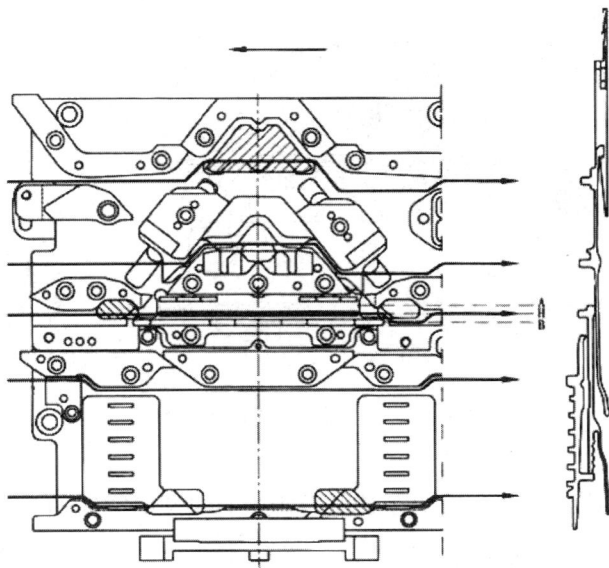

图 3-1-4　集圈走针轨迹

假定机头左行，这时推针三角、清针三角、翻针三角都缩入三角底板，二段密度压片摆开 A 位置，接针压片缩入三角底板，左边的选针器不选针，选针脚不上升，在经过右边的选针器时，该选针器将第二系统需参加编织的织针所对应的选针脚选上，选针脚沿选针导针三角上升推动相应的推片到 H 位置；同步地处于 H 位置的推片在经过集圈压片时，推片上的片踵被压入针槽，之后沿清针三角回复到 B 位置，右边选针器选上的选针脚再将相应的推片推到 H 位置；挺针脚带动织针沿挺针三角上升到集圈高度后，由于集圈压片将相应的推片压入针槽，迫使挺针脚沿下片踵也沉入针槽，因此挺针脚不再沿挺针三角继续上升，而是停留在集圈位置沿成圈三角、可调导针三角完成集圈编织。

4. 织针既编织又集圈

织针既编织又集圈是指同一行同一个编织系统中有些织针参加编织，有些织针参加集圈，如果还有一些织针不参加编织，这时候同一行同一编织系统中的织针有三种不同的编织状态：编织、集圈、不织，这种编织状态称为"三功位"编织。

图3-1-5是既编织又集圈时的走针轨迹图。图中粗实线为编织轨迹，虚线为集圈轨迹。

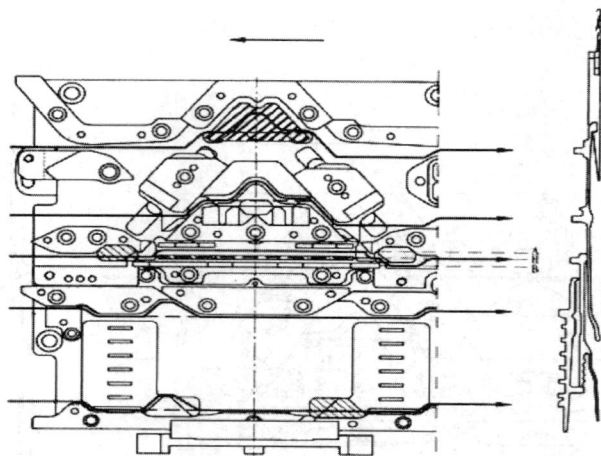

图3-1-5　既编织又集圈走针轨迹

假定机头左行，这时各三角的状态与前面所述的织针集圈时的三角状态一样，左边的选针器将参加编织的织针对应的选针脚选上，推针三角将选上的选针脚推到最高点，推动相应的推片到A位置，之后选针脚沿选针导针三角、选针脚复位三角回复到初始位置，右边的选针器将第二系统需参加编织的织针所对应的选针脚选上，选针脚沿选针导针三角上升推动相应的推片到H位置；同步地参加编织的织针所对应的推片被相应的选针脚推到A位置，而参加集圈的织针所对应的推片仍保持在H位置，不参加编织的织针所对应的推片因前一行未被选上而处于初始B位置，A位置的推片经过导针三角、清针三角回到初始B位置，H位置的推片经过清针三角回到初始B位置，之后右边选针器选上的选针脚再将相应的推片推到H位置；参加编织的织针对应的挺针脚沿起针三角、挺针三角、成圈三角、可调导针三角运行完成编织，参加集圈的织针对应的挺针脚沿起针三角、成圈三角、可调导针三角运行完成集圈。

5. 织针移圈（翻针）

图 3-1-6 是移圈（翻针）时的走针轨迹图。

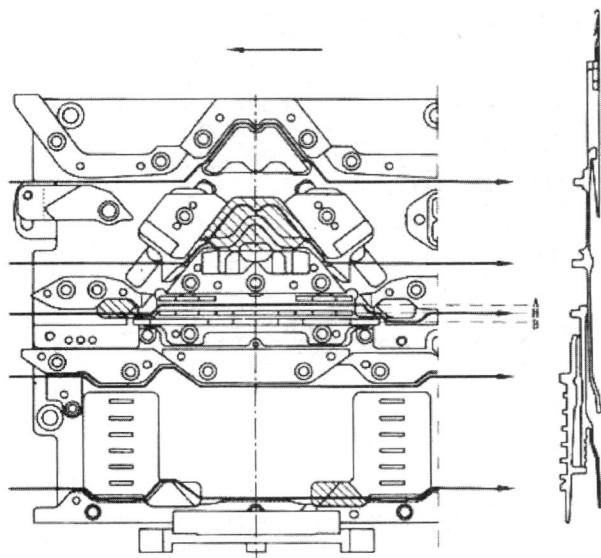

图 3-1-6　移圈走针轨迹

假定机头左行，这时推针三角、清针三角、挺针三角都缩入三角底板，二段密度压片摆开 A 位置，左边的选针器将参加移圈的织针所对应的选针脚选上，推针三角将选针脚推到最高点，推动相应的推片到 A 位置，之后选针脚沿选针导针三角、选针脚复位三角回复到初始位置，右边的选针器将第二系统需参加编织的织针所对应的选针脚选上，选针脚沿选针导针三角上升推动相应的推片到 H 位置，同步地处于 A 位置的推片在经过导针三角、清针三角后回到初始 B 位置，右边选针器选上的选针脚再将相应的推片推到 H 位置；挺针脚带动织针沿起针三角上升到集圈高度后，挺针脚的上片踵再沿翻针三角上升，在翻针三角与翻针导针三角组成的轨道中运行完成移圈，再沿成圈三角、可调导针三角运行到初始位置。

6. 织针接圈（接针）

图 3-1-7 是接圈（接针）时的走针轨迹图。

假定机头左行，这时推针三角、清针三角、挺针三角都缩入三角底板，二段密度压片摆开 A 位置，集圈压片摆开 H 位置，左边选针器不选针，选针脚不上升，在经过右边的

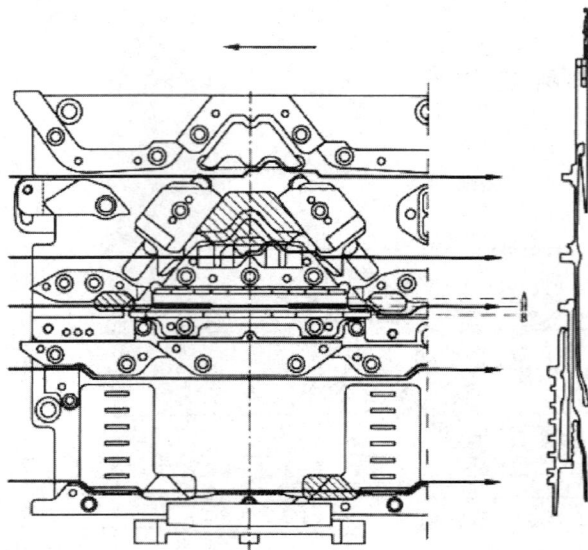

图 3-1-7　接圈走针轨迹

选针器时，该选针器将第二系统需参加编织的织针所对应的选针脚选上，选针脚沿选针导针三角上升推动相应的推片到 H 位置；同步地处于 H 位置的推片在经过接针压片时，推片上的片踵被压入针槽，经过集圈压片时释放（集圈压片已摆开 H 位置），经过接针压片时再被压入针槽，之后沿清针三角回复到初始 B 位置，右边选针器选上的选针脚再将相应的推片推到 H 位置；挺针脚在相应的推片被接针压片压入针槽时下片踵也被压入针槽，不能沿起针三角上升，当推片经过集圈压片位置时被释放，挺针脚的下片踵也被释放出针槽，沿起针三角上加工出来的接针斜面运行到接圈高度，之后挺针脚的上片踵沿翻针三角的右下斜面下降完成接圈，挺针脚再沿成圈三角可调导针三角运行到初始位置。

7. 织针同时移圈、接圈（前、后对翻）

织针同时移圈、接圈是指一块针床上的一部分织针的线圈移到另一块针床相应的织针上，同时另一部分织针接收另一块针床上相应织针转移过来的线圈，这种移圈、接圈方法称为"前、后对翻"。

图 3-1-8 是织针同时移圈、接圈（前、后对翻）时的走针轨迹图。

这时各三角的状态与前面所述的织针接圈时的状态一样，左边的选针器将参加移圈的织针对应的选针脚选上，推针三角将选上的选针脚推到最高点，推动相应的推片到 A 位置，之后选针脚沿选针导针三角、选针脚复位三角回复到初始位置，右边的选针器将第二系统需参加编织的织针所对应的选针脚选上，选针脚沿选针导针三角上升推动相应的推片

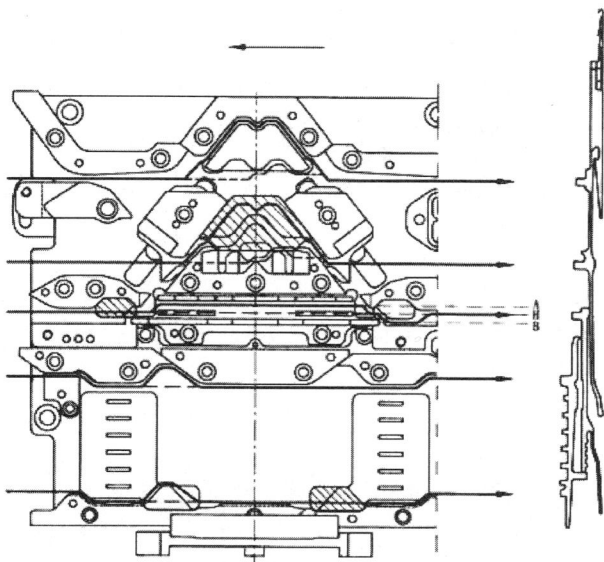

图 3-1-8　同时移圈、接圈走针轨迹

到 H 位置；同步地参加移圈的织针所对应的推片被相应的选针脚推到 A 位置，而参加接圈的织针所对应的推片仍保持在 H 位置，A 位置的推片经过导针三角、清针三角回到初始 B 位置，H 位置的推片经过清针三角回到初始 B 位置，之后右边选针器选上的选针脚再将相应的推片推到 H 位置；参加移圈的织针对应的挺针脚沿起针三角、翻针三角、翻针导针三角运行完成移圈，再沿成圈三角、可调导针三角运行到初始位置，参加接圈的织针对应的挺针脚沿如前所述的接圈轨迹运行完成接圈，再沿成圈三角、可调导针三角运行到初始位置。图中粗实线为移圈轨迹，虚线为接圈轨迹。

第二节　重点检测

检测是指机器通电开机后各部位检测感应器反馈的信号和机器各项功能是否能正常运行的检测，可以通过检测知道机器状况的好坏以及机器故障的位置。检测是开机后不可缺少的一环节。三个系统检测相同，都是检查各个报警装置和各个机器部件能否正常工作并达到要求。

一、系统一检测

系统一为睿能操作系统 F4000,系统一检测包括输出检测、输入检测、机头检测、起底板检测和电压检测等。当机器无报警或异常报警时,可以观看相应的动作是否正常,同时还可以测试各个功能开关部件是否灵敏,如超动手把、倒卷、落布等。机器正常运行时为主电动机准备信号闭合,摇床电动机准备信号闭合,摇床零位信号闭合,后备电源故障。

(一)输出测试

输出测试包括机头移动测试、摇床测试、罗拉测试、报警灯测试等,如图 3-2-1 所示。

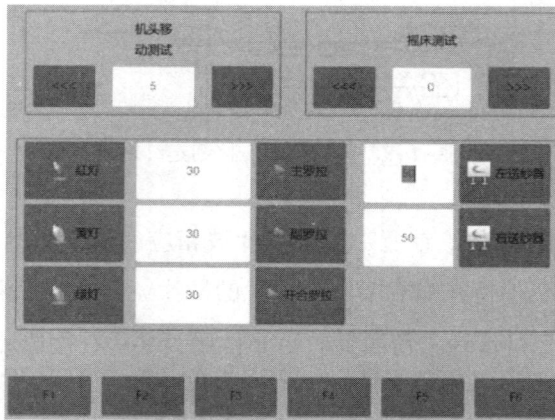

图 3-2-1　输出测试

1. 基本检测

检测伺服电动机、罗拉、灯、送纱器、键盘使用状态;测试机头、摇床移动方向是否正确,与输入值是否对应(主电动机伺服方向设置),如图 3-2-2 所示。

图 3-2-2　机头及摇床测试

2. 机头测试

可设置机头移动速度,范围 5~15;使机头向右移动或停止,移动时左右方向可以相互切换；机头持续移动直至机头触发左右防撞开关，此时伺服电动机断电，机头停止移动；伺服电动机没有通电的情况下将会报警"伺服未打开"。

3. 摇床

可设置摇床针数，范围 0~12；使针床向右移动；输入针数为"0"时，针床执行复位动作；伺服电动机没有通电的情况下将报警"伺服未打开"；测试摇床时针床上不能前后挂布或起针。

4. 状态指示灯

观察指示灯颜色是否与状态指示一致；红色灯为故障停车模式，此时蜂鸣器发出响声；黄色灯为准备模式；绿色灯为正常编织模式。

测试送纱器速度与方向，测试罗拉电动机的转速与方向。

(二) 输入测试

输入测试包括各个位置状态感应器和各个位置状态变化感应器反馈的信号，如图 3-2-3 所示。

图 3-2-3　输入测试

1. 键盘、显示屏测试

F1 键盘检测：按键与屏幕上的按钮相对应，在按键上点击测试屏幕上按钮的变化，如无变化，可能接触不良或按键损坏，如图 3-2-4 所示。F2 显示屏测试：测试屏幕是否能完整显示。F6 更多测试：显示更多的信号，如图 3-2-5 所示。

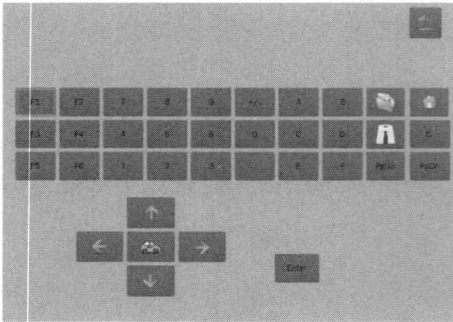

图 3-2-4　键盘检测

图 3-2-5　输入信号检测

2. 电动机信号测试

（1）主电动机故障信号：主伺服电动机开机后，故障信号返回检测。打开，无故障；闭合，有故障。

（2）摇床电动机故障信号：摇床伺服电动机上电开机后故障信号返回检测。打开，无故障；闭合，有故障。

（3）摇床电动机准备信号：摇床伺服电动机上电开机后准备信号返回检测。打开，无故障；闭合，有故障。

（4）紧急停止信号：紧急停止按钮信号检测，手动压紧急停止按钮至急停位置，观察信号是否为"闭合"状态。打开，未急停；闭合，急停。

（5）副罗拉卷布信号：查看副罗拉卷布信号。打开，副罗拉无卷布；闭合，副罗拉有卷布。

（6）卷布信号：罗拉倒卷布信号检测。打开，无卷布；闭合，卷布。

（7）摇床限位信号：摇床限位信号检测，即摇床的最大距离，超过此距离将报警"摇床限位"，使用小型金属器具或者移动机头至摇床限位传感器上方，观察信号是否为"闭合"状态。打开，无限位信号；闭合，有限位信号。

（8）摇床零位信号：使用小型金属器具或者移动机头至摇床零位传感器上方，观察信号是否为"闭合"状态。复位完成后，该信号为"闭合"状态。摇床感应片如在此位置右边，该信号一直为"闭合"状态，如在左边，则一直为"打开"状态。打开，无零位信号；闭合，有零位信号。

（9）机头左/右限位信号：机头左/右移动最大行程，左/右限位信号检测，左限位为机头复位时停止位。使用小型金属器具或者移动机头至左/右限位传感器上方，观察信号是否为"闭合"状态。打开，无限位信号；闭合，有限位信号。

3. 纱线信号测试

（1）左/右收线信号：横机左右两侧收线信号检测，当左/右挑线弹簧接触到报警铁丝位置时，该信号为"闭合"状态。打开，无左/右断纱信号；闭合，有左/右断纱信号。

（2）左/右送纱器断纱信号：横机左/右送纱器断纱信号检测，将送纱器弹簧弹开，感应器亮。打开，无左/右送纱器断纱信号；闭合，有左/右送纱器断纱信号。

（3）天线台断纱信号：天线台断纱信号检测，将天线台挑线弹簧往上拨至断纱报警位置。打开，天线台无断纱信号；闭合，有天线台断纱信号。

（4）纱结信号：天线台纱结信号检测，将天线台纱结感应片往前拨至报警位置（大纱结需具备其相应报警装置）。打开，天线台无纱结信号；闭合，天线台有纱结信号。

（5）大纱结信号：天线台大纱结信号检测，将天线台纱结感应片往前拨至报警位置（大纱结需具备其相应报警装置）。打开，天线台无大纱结信号；闭合，天线台有大纱结信号。

（6）左/右储纱器：检测储纱器关闭/打开状态。打开，打开；闭合，关闭。

4. 安全门测试

（1）检测前后护罩是否关好护罩门信号测试：检测护罩门关闭/打开状态。

（2）前安全门左右测试：检测后安全门左1关闭/打开状态。

（3）后安全门左右测试：检测后安全门左1关闭/打开状态。

5. 其他测试

（1）针零位信号：针零位信号检测，用手移机头至针零位处，观察针零位信号是否为"闭合"状态。

（2）前、后探针信号：这是机头上检测浮纱的探针信号，拨动机头上探针，观察信号显示。

（3）针位置计数：显示当前机头停止时机头左侧对应的针数等。

（三）机头测试

机头测试包括度目电动机、生克电动机、换色电磁铁、压片电磁铁和选针器等的测试，如图3-2-6所示。

1. 单个循环、全部循环

单个循环，就是单个选择选针器、三角电磁铁、换纱电磁铁。全部循环，就是选针器、三角电磁铁、换纱电磁铁全部循环。所有部件可依次循环（不包括度目电动机）。全

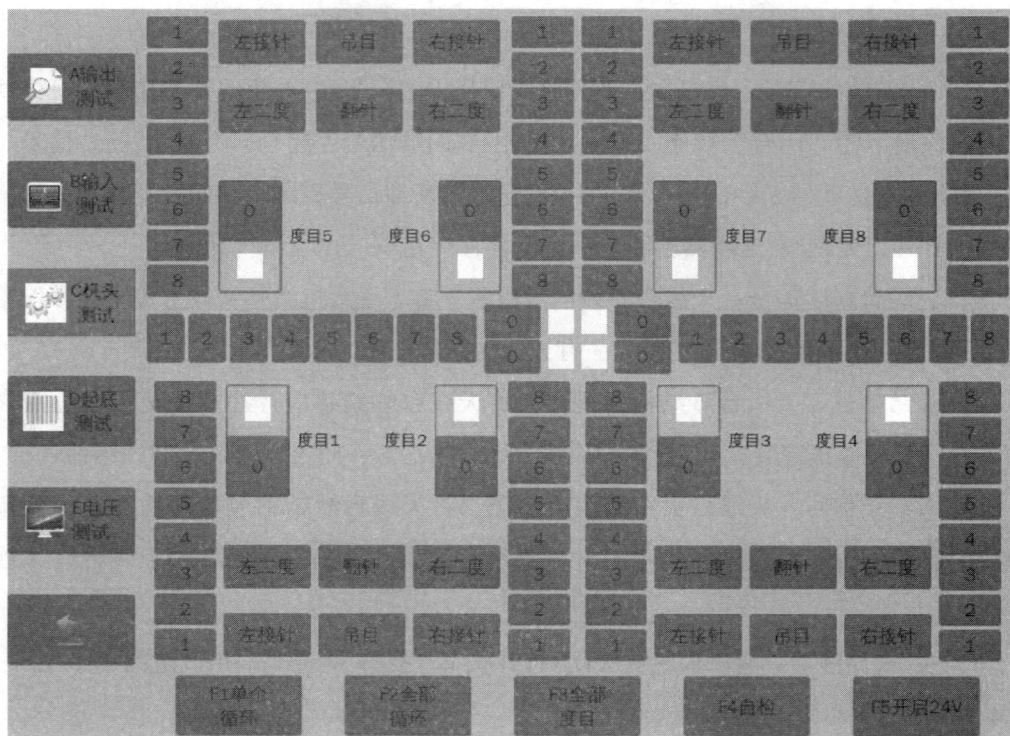

图 3-2-6　机头测试

部度目一起有规律地循环。

2. 自检

（1）检查选针器，换纱电磁铁、三角电磁铁、度目电动机是否短路、断路。

（2）先点下 F4 自检，机头上的部件开始依次循环复位测试，循环完后会出现选针器、换纱电磁铁、三角电磁铁测试结果界面。

此外，还有起底测试，可对起底板各个部分是否正常工作进行测试：①机头归边测试，可点击机头归边按钮，机头会自动移动到左限位上；②控制吹风装置、起底吹风装置、夹子吹风开始动作；③自动写入测试，如图3-2-7和图3-2-8所示。

还有监控系统各种电压测试，如图3-2-9所示。

二、系统二检测

系统二为恒强操作系统，系统二包括机头检测和机器检测，机头检测包括：度目、选针、换色、信克等测试。机器检测包括机器各部件的状态、信号、故障的测试。

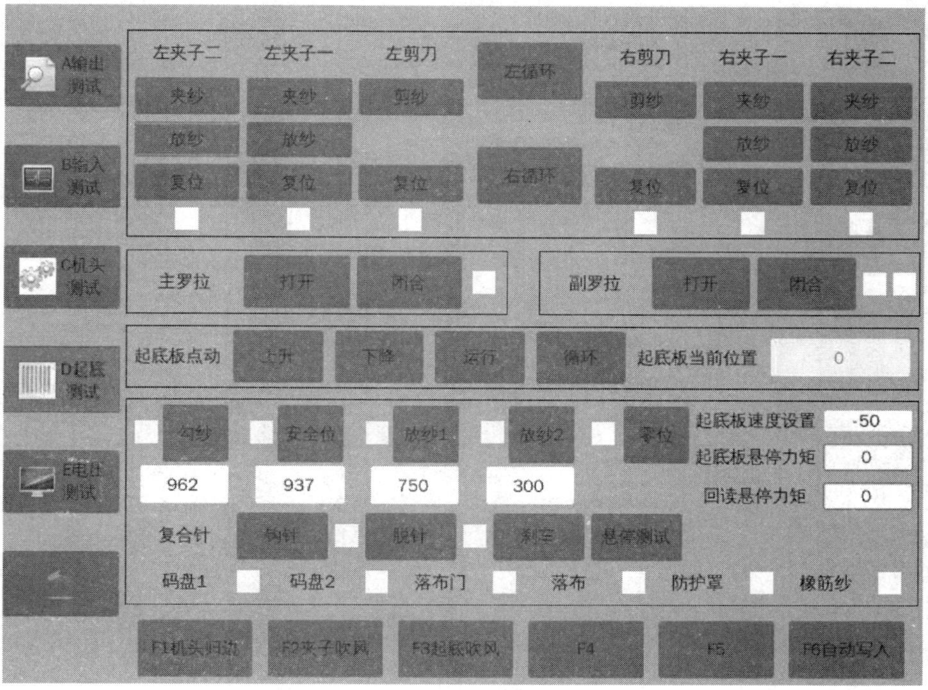

图 3-2-7　起底板测试

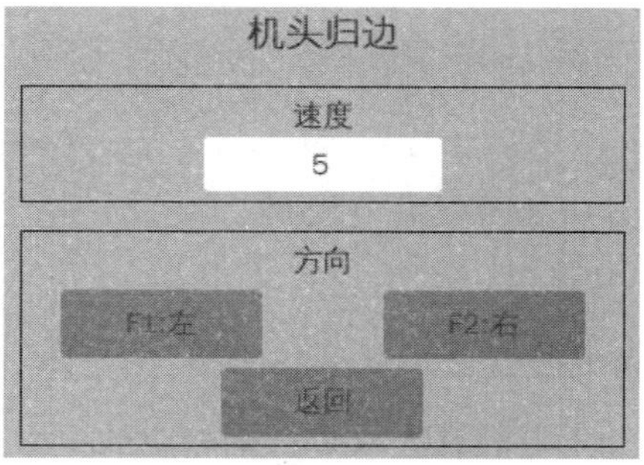

图 3-2-8　机头归边测试

(一) 机头测试

双系统机头检测：机头测试画面左边为一系统，右边为二系统，中间两个文本框代表生克电动机。上半部分代表后针床，下半部分代表前针床，中间是纱嘴，如图 3-2-10 所示。

1. 密度电动机测试

八个密度电动机分别用图 3-2-10 中相应位置的八个文本框代表。点击相应的文本框，

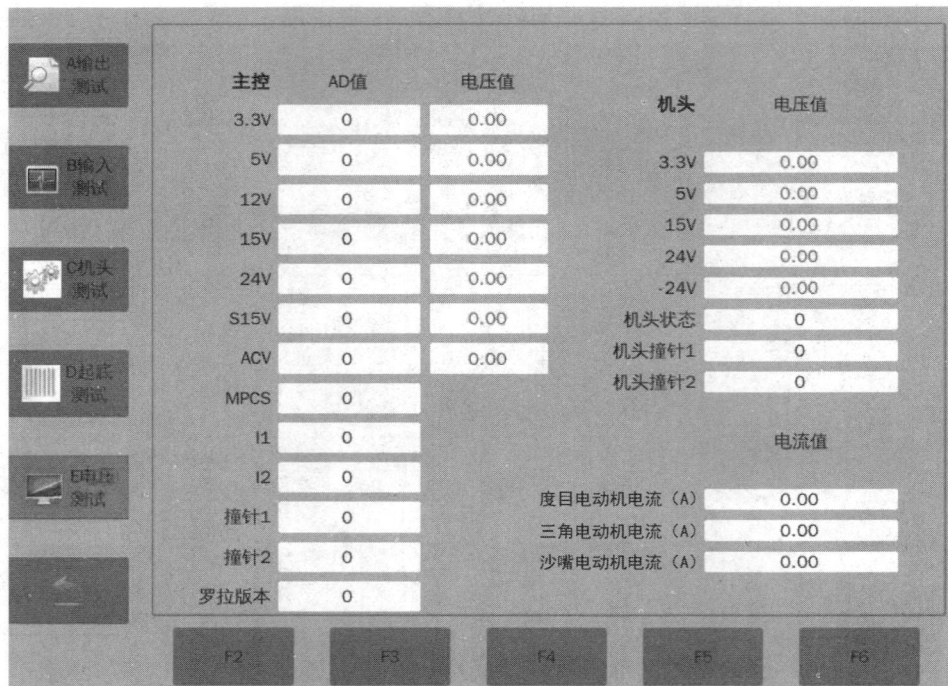

图 3-2-9　电压检测

其数值会在 0 至 650 之间切换，同时密度电动机根据当前的值转动。如果密度电动机过零位，则文本框中的数字值如图 3-2-10 中红底白字显示，否则以白底红字显示。

2. 生克电动机测试

两个生克电动机的测试方法和密度点击相同。

3. 三角电磁铁测试

如图 3-2-10 所示，三角电磁铁显示编号和凹凸状态，点击某一位置，则对应的三角电磁铁会动作。如果对应的三角电磁铁有故障，则相应的框以黄色圈标注，点击"测试全部"按钮，三角电磁铁可以连续跳动。

4. 选针器测试

如图 3-2-10 所示，选针器显示编号和凹凸状态，点击某一位置，则对应的选针器会动作。如果对应的选针器有故障，则相应的框以黄色圈标注，点击"测试全部"按钮，选针器可以连续跳动。

5. 纱嘴测试

如图 3-2-10 所示，纱嘴显示编号和凹凸状态，点击某一位置，则对应的纱嘴会动作。如果对应的纱嘴有故障，则相应的框以黄色圈标注，点击"测试全部"按钮，纱嘴可以连

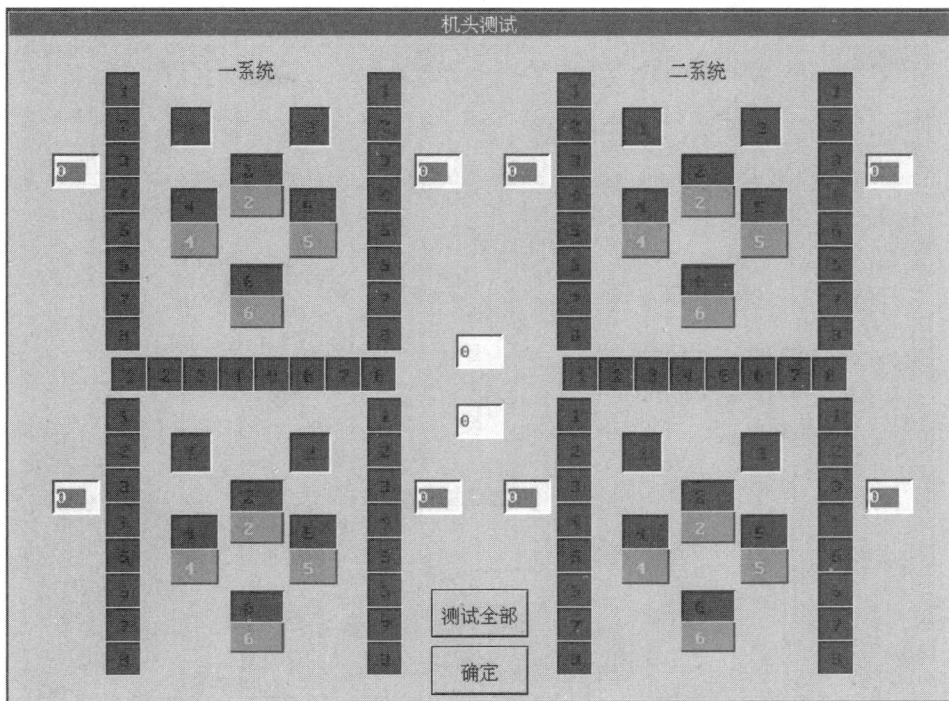

图 3-2-10　机头检测

续跳动。

（二）机器检测

机器检测通过感应器测试机器各个部位是否能正常运行，各部位感应器自身是否正常工作，出现故障及时报警。

（1）主电动机故障信号、摇床电动机故障信号：主电动机、摇床电动机线路信号是否正常。

（2）主电动机准备信号、摇床电动机准备信号：主电动机、摇床电动机是否能正常复位。

（3）拉杆启动、停止、慢动信号：当前操作杆状态（旋转角度）。

（4）紧急停止信号：紧急按钮是否开启。

（5）机头左/右限位信号：机头是否处于左/右撞边位置。

（6）摇床限位、零位信号：当前摇床所处位置是否处于超过摇床极限、复位位置。

（7）左/右收线信号：左/右侧天线是否翘起接触感应器。

（8）天线台断纱、纱结、大纱结信号：天线是否翘起接触感应器，是否有纱结通过大小纱结捕结器触发警报。

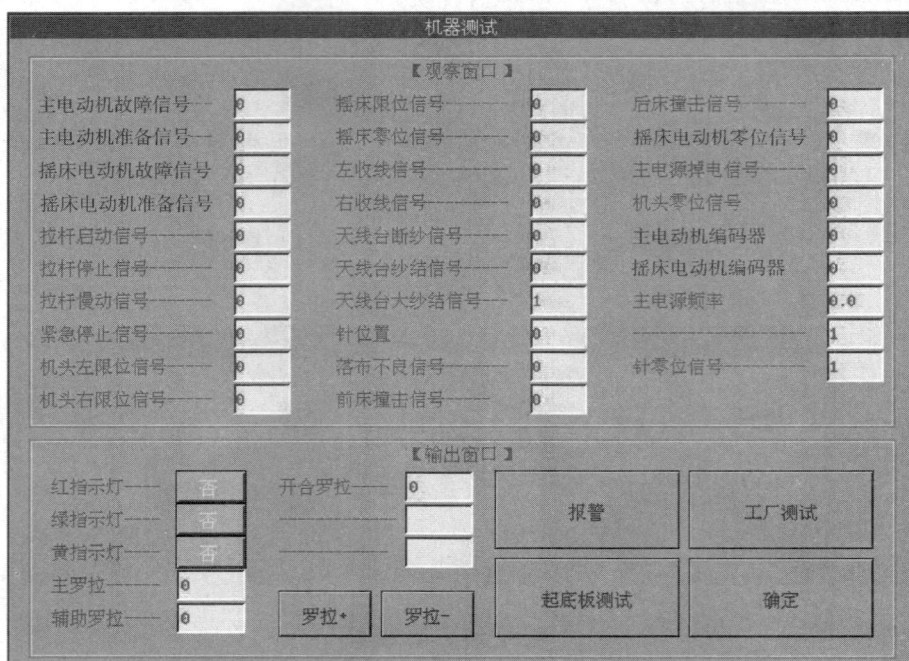

图 3-2-11　机器检测

（9）针位置：当前机头所处位置对应伺服器电脉冲针数。

（10）落布不良信号：罗拉是否正常落布。

（11）前、后床撞击信号：前、后针床是否遇到撞击触发警报，撞针可引起针床震动触发警报。

（12）摇床电动机零位信号：摇床电动机是否能正常复位。

（13）主电源掉电信号：电源是否能正常供电。

（14）机头零位信号：机头零位位置是否能正常识别。

（15）主电动机、摇床电动机编码器：主伺服器、摇床伺服器是否正常运行。

（16）主电源频率：电源频率检测。

（17）针零位信号：针零位位置是否能正常识别。

（18）红、绿、黄指示灯：警示灯是否正常。

（19）主罗拉、辅助罗拉、罗拉开合：罗拉是否正常运行。

（20）罗拉+、罗拉-：罗拉是否能正常打开、闭合。

（21）报警：蜂鸣器是否正常报警。

（22）起底板测试：起底板功能检测。

三、系统三检测

（一）机头测试

机件测试菜单可以测试机头所有的执行机构，包括度目步进电动机、机头三角电动机、纱嘴电磁铁、选针电磁铁等，机件测试菜单如图 3-2-12 所示。

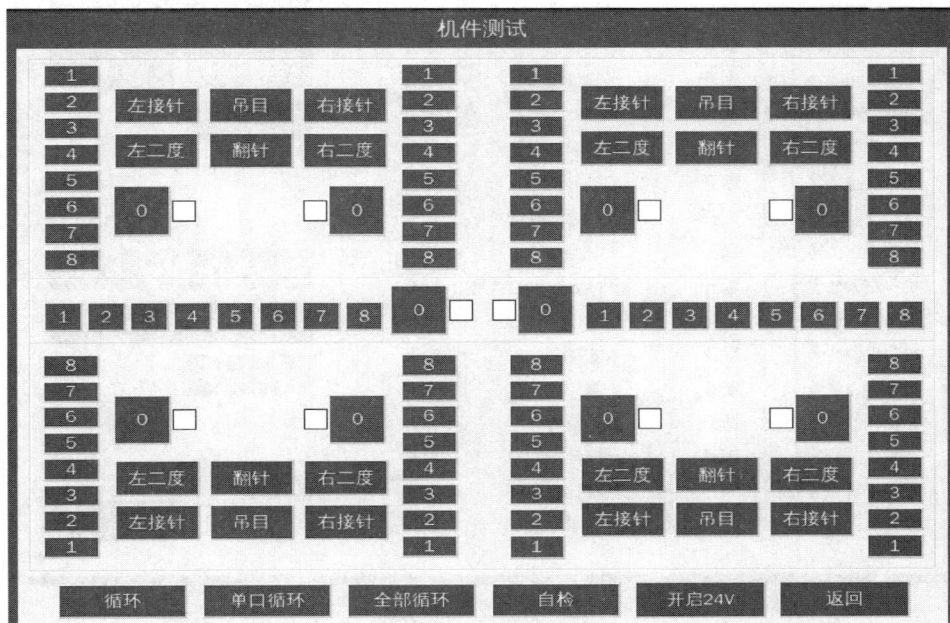

图 3-2-12　机件检测

（1）触笔直接点选择相应电磁铁动作。

（2）点击循环，可分别使纱嘴、选针、机头三角所在组的电磁铁进行循环动作，再次点击则取消循环。

（3）点击单口循环，则当前选择的系统所有的电磁铁轮流动作，再次点击则取消循环，循环过程中，其他按键均无效。

（4）点击全部循环，则所有的电磁铁轮流动作，再次点击则取消循环，循环过程中，其他按键均无效。

（5）点击自检，检测所有电磁铁是否存在短路、断路等。

（6）出现报警时，机头由于过流保护将关闭 24V 电压，点击"开启 24V"，可重新开启 24V 电压。

（7）新机器安装，必须对机头进行完整性测试。

（二）主机测试

主机测试包括输入信号测试和输出信号测试，如图 3-2-13 所示。

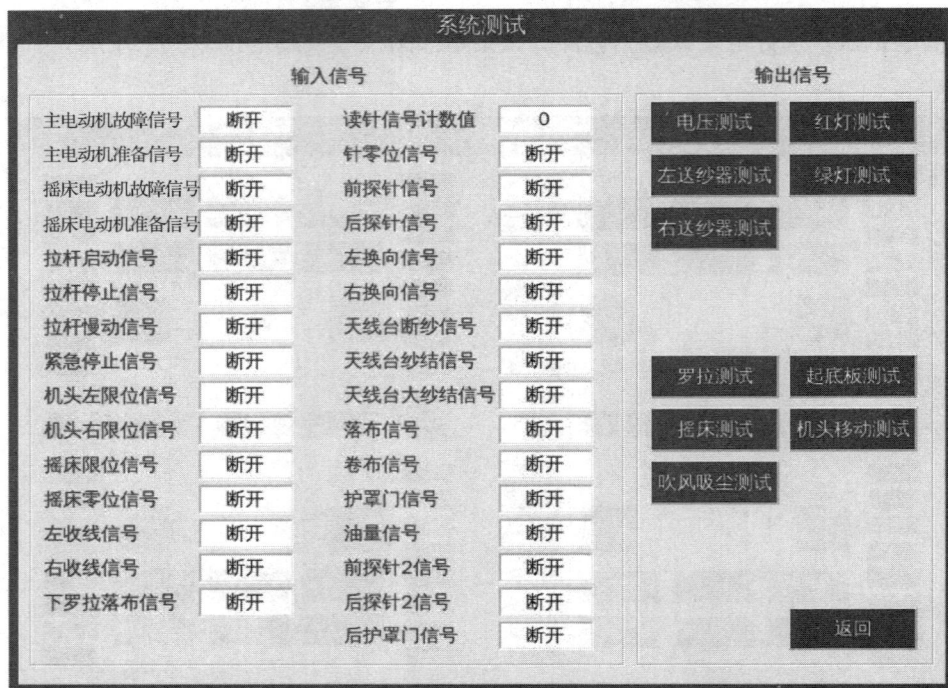

图 3-2-13　系统检测

1. 输入信号

输入信号测试主要是检测机架、各种传感器的工作响应情况。

（1）主电动机故障信号：主伺服电动机上电开机后故障信号返回检测。打开，无故障；闭合，有故障。

（2）主电动机准备信号：主伺服电动机通电开机后准备信号返回检测。打开，无故障；闭合，有故障。

（3）摇床伺服电动机故障信号：通电开机后故障信号返回检测。打开，无故障；闭合，有故障。

（4）摇床电动机准备信号：摇床伺服电动机通电开机后准备信号返回检测。打开，无故障；闭合，有故障。

（5）拉杆启动/停止/慢动信号：拉杆在各位置的信号检测，如图 3-2-14 所示。停止，拉杆逆时针转到最大位置；慢动，拉杆顺时针转到中间位置；启动，拉杆顺时针转到最大位置。打开，拉杆不在对应位置上；闭合，拉杆在对应位置上。

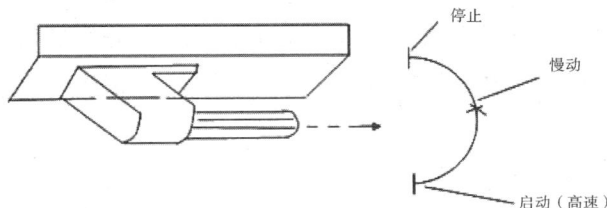

图 3-2-14 拉杆

（6）紧急停止信号：紧急停止按钮信号检测，手动压紧急停止按钮至急停位置，观察信号是否为"闭合"状态。打开，未急停；闭合，急停。

（7）机头左/右限位信号：机头左/右移动最大行程，左/右限位信号检测，左限位为机头复位时停止位。使用小型金属器具或者移动机头至左/右限位传感器上方，观察信号是否为"闭合"状态。打开，无限位信号；闭合，有限位信号。

（8）摇床限位信号：摇床限位信号检测，即摇床的最大距离，超过此距离将报警"摇床限位"，使用小型金属器具或者移动机头至摇床限位传感器上方，观察信号是否为"闭合"状态。打开，无限位信号；闭合，有限位信号。

（9）摇床零位信号：摇床零位信号检测，使用小型金属器具或者移动机头至摇床零位传感器上方，观察信号是否为"闭合"状态。复位完成后，该信号为"闭合"状态。摇床感应片如在此位置右边，该信号一直为"闭合"状态，如在左边，则一直为"打开"状态。打开，无零位信号；闭合，有零位信号。

（10）左/右收线信号：横机左右两侧收线信号检测，当左/右挑线弹簧接触到报警铁丝位置时，该信号为"闭合"状态。打开，无左/右断纱信号；闭合，有左/右断纱信号。

（11）下罗拉落布信号：检测下罗拉落布信号。打开，无落布；闭合，落布。

（12）读针信号计数值：显示当前机头停止时机头左侧对应的针数。

（13）针零位信号：手移机头至针零位处，观察针零位信号是否为"闭合"状态。打开，无针零位信号；闭合，有针零位信号。

（14）前/后探针信号：机头上检测浮纱的探针信号，拨动机头上探针，观察信号显示。打开，无偏移；闭合，偏移。

（15）左/右换向信号：检测机头是否左右换向，机头在编织区外将执行换向动作。打开，未换向；闭合，换向。

（16）天线台断纱信号：天线台断纱信号检测，将天线台挑线弹簧往上拨至断纱报警位置。打开，天线台无断纱信号；闭合，天线台有断纱信号。

（17）天线台纱结/大纱结信号：天线台纱结信号检测，将天线台纱结感应片往前拨至报警位置（大纱结需具备其相应报警装置）。打开，天线台无纱结信号；闭合，天线台有纱结信号。

（18）落布信号：落布信号检测。打开，无落布；闭合，落布。

（19）卷布信号：罗拉倒卷布信号检测。打开，无卷布；闭合，卷布。

（20）护罩门信号：检测护罩门关闭/打开状态。打开，关闭；闭合，打开。

（21）油量信号：检测油箱中的油量。打开，油量充足，无须加油；闭合，油量不足，需加油。

（22）前/后探针2信号：1+1机型中，机头2上检测浮纱的探针信号，拨动机头上探针，观察信号显示。打开，无偏移；闭合，偏移。

（23）后护罩门信号：检测后护罩门关闭/打开状态。打开，关闭；闭合，打开。

2. 输出信号

输出信号测试主要是检测输出的控制信号是否能正常操作设备。

（1）电压测试：实时检测机器的直流电压值。

（2）红/绿灯测试：点击"红灯测试"，测试红灯是否正常（故障停车模式）。点击"绿灯测试"，测试绿灯是否正常（正常编织模式）。

（3）左/右送纱器测试：点击"左送纱器测试"，测试左送纱器动作是否正常，点击"右送纱器测试"，测试右送纱器动作是否正常。

（4）罗拉测试：点击"罗拉测试"，将弹出图3-2-15所示输入框。

①主/副罗拉测试：点击文本框，输入测试的速度值，观察罗拉转动，范围为-100~100，负数为逆转。

②开合罗拉测试：点击文本框，输入测试值，观察负罗拉开合的力度，范围为-100~100。

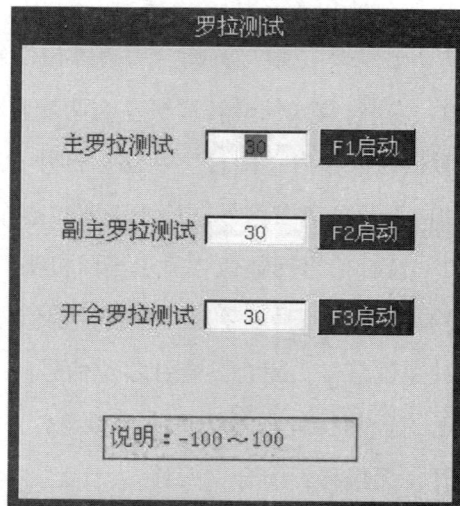

图3-2-15　罗拉测试

（5）起底板测试：点击"起底板测试"，将弹出如图3-2-16所示界面。

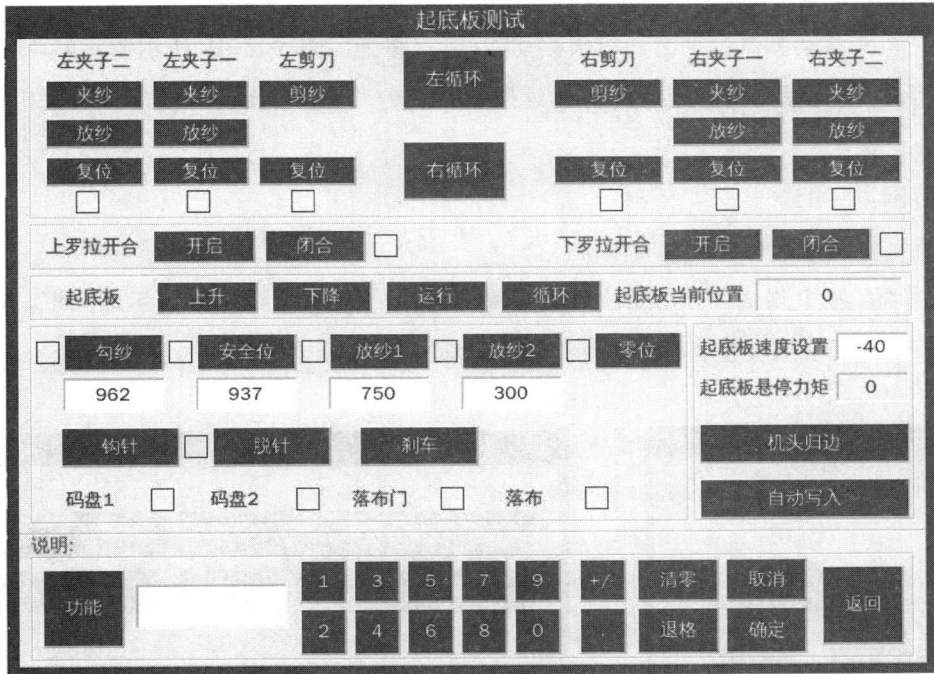

图3-2-16　起底板测试

①点击各个按键，查看机器动作是否正常。

②点击"机头归边"，将弹出图3-2-17所示界面：点击"向左归边""向右归边"，查看机头是否进行左归边、右归边动作。

（6）摇床测试：点击"摇床测试"，将弹出图3-2-18所示输入框。

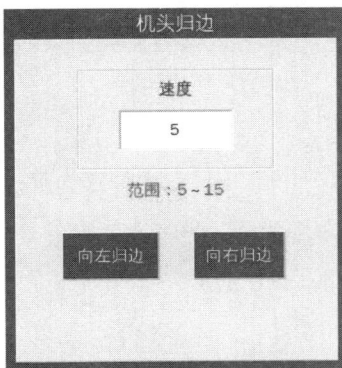

图3-2-17　机头归边　　　　　图3-2-18　摇床测试

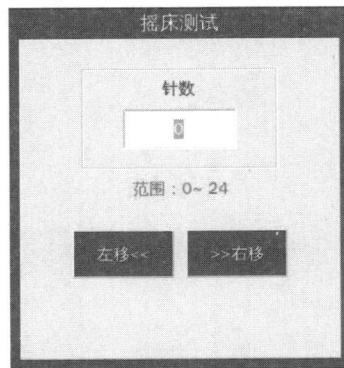

①输入针数，点击"左移≪"或"≫右移"，观察针床运行情况。

②范围：0~24 针。

（7）机头移动测试：点击"机头移动测试"，将弹出图 3-2-19 所示输入框。

①将机头移至针板中间位置，输入速度值，点击"左≪"或"≫右"，观察机头运行情况。

②范围：5~15。

③不可将机头运行超出左右限位值。

（8）吹风吸尘测试：点击"吹风吸尘测试"，将弹出图 3-2-20 所示输入框：点击各个按键，对应的吹风吸尘装置开始动作。

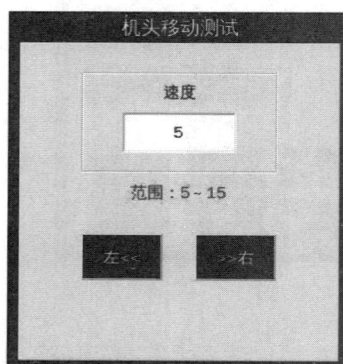

图 3-2-19　机头移动测试　　　　　　图 3-2-20　吸尘吹尘测试

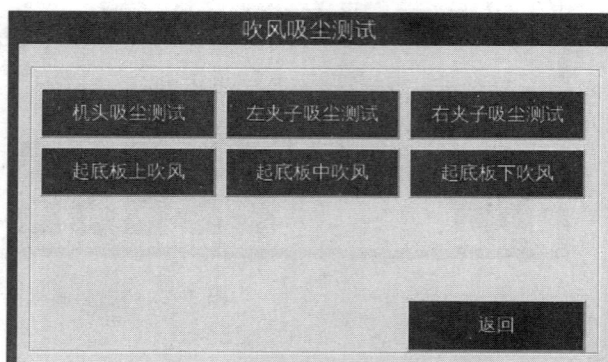

第四章 生产基本操作

横机生产基本操作包括挡车操作和机器的调试与调整两大方面。挡车操作包括机台的具体操作,维护机台的正常运转,调整与维护包括更换、调整主要机件、零件,做好机台清洁、加油等维护保养工作。

岗位职责、操作规程和具体的操作流程、操作基本方法等,关乎挡车操作的规范化,可以根据机型和生产的设计要求制订。

第一节 基本操作

横机操作过程根据生产要求包含许多流程,其中穿纱、开关机是基础操作,编织样片是基本方法。

一、穿纱

在横机操作中,穿纱比较复杂,也涉及工艺和产品要求。

(一)穿纱基本方法

纱线从纱筒到导纱器的过程中,主要的控制部件有顶部纱线控制装置、积极送纱装置或喂纱轮、侧张力器、导纱器,最后固定在夹纱装置上。

顶部张力器用来控制纱线张力、检查纱线大小结头以及断线等。如果遇到大结头和断纱,则会自动触动停机装置,机器停机;如果遇到小结头,则机器按照设定的低速运行。积极送纱装置则通过纱线和摩擦辊之间的摩擦积极送纱。纱线和摩擦辊之间的接触面越大,则摩擦力越大,送纱越容易;反之,则越小。

侧张力器用来控制纱线在编织过程的张力,弹簧弹力越大,则控制纱线编织张力越大;反之,则越小。

1. 穿纱方法

针对不同纱线有不同的穿纱方式，主要有以下三种。

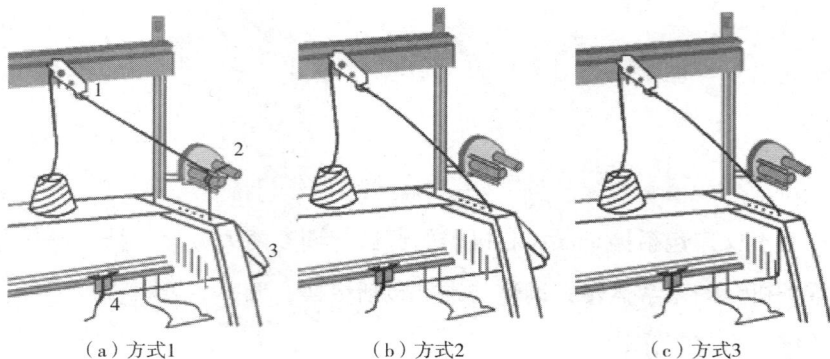

（a）方式1　　　　　（b）方式2　　　　　（c）方式3

图4-1-1　三种穿纱方式

1—顶部纱线控制装置　2—送纱器　3—侧张力器　4—导纱器（纱嘴）

方式1：纱线过顶部纱线控制装置，过积极送纱装置，过侧张力器，侧张力大小要合适，如大身用的编织纱线一般用这种穿纱方式。这种穿纱方式可很好地控制纱线的大结头、退绕断线以及编织断线等引起的停机问题。

方式2：纱线过顶部纱线控制装置，不过积极送纱装置，过侧纱张力器，这种穿纱方式一般用于分离纱或保护纱。

方式3：过顶部纱线控制装置，不过积极送纱装置，过侧纱张力器，但张力很小，如弹性纱一般用这种穿纱方式。

穿纱方式并不是一成不变的，在具体的生产过程中，要具体情况具体分析，根据纱线性能选择合适的穿纱方式，这样有利于编织生产。

2. 穿纱注意事项

（1）纱筒要放在导纱钩的正下方，以利于纱线顺利退绕。

（2）不同的纱线平行喂入，以减少摩擦，减少纱线在纱路中的阻力，从而减少纱线张力。

（3）穿好纱线后要检查纱路，过顶张力和侧张力的纱线保证其顶张力和侧张力打开。

（4）主纱线应该尽量穿在最边缘的位置，使穿入喂纱轮的张力减少。

（5）在允许的情况下，两根或两根以上的纱线穿入应当分开穿入直至在导纱器上合并。

（6）大小结头装置必须在正确的位置，保证机器能顺利进行编织。

（7）导纱器必须调节至正确的高度以保证顺利编织。

（8）导纱器在切夹纱装置处的位置必须设置正确，否则切夹纱装置易被损坏。

（9）机器装有足够的陶瓷导纱孔，以减少纱线的摩擦。

纱线的张力在编织过程中，会影响编织的安全性和编织的密度，所以在多台机器生产时，注意保持各机器上所用纱线张力一致。

（二）穿纱流程

将纱线经各种中间途径最终穿入纱嘴的整个过程称为穿纱线，其过程如下。

（1）将纱线放在置纱台上，使其与天线台的一个导纱环竖直对齐：纱线只有放置在导纱环的正下方，纱线脱圈才方便，否则难以脱圈，使纱线被拉断，产生烂片，如图4-1-2所示。

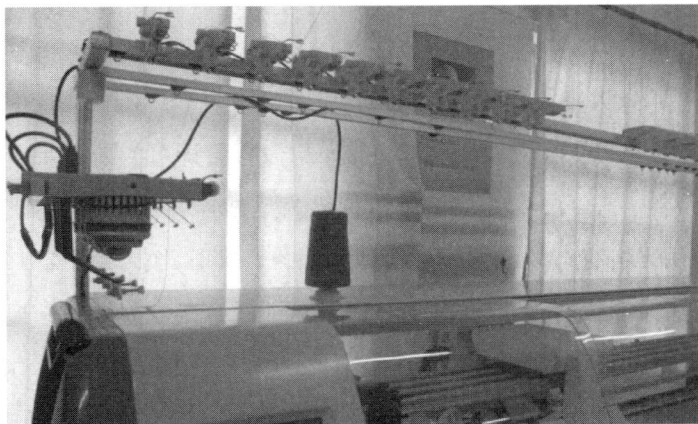

图4-1-2　放置纱线

（2）将纱线穿过与其正上方所对的导纱环：穿纱时注意应从导纱环的后面往前穿；也可以把导纱环的弹片压下，把纱线挂上，如图4-1-3所示。注意不要穿反，否则编织时纱线会被拉断。

（3）穿过纱线张力控制盘：把张力盘盖拉开，把纱线挂在挂钩上即可，然后调节张力盘弹力，使纱线被张力盘夹稳，同时又不要有太大的压力，如图4-1-4所示。

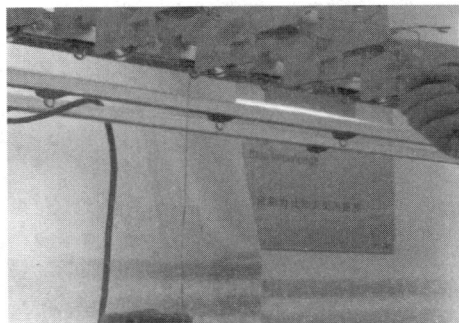

图4-1-3　穿导纱环

（4）穿过纱结控制开关：纱线由下往上挂入纱结控制开关，调节纱结开关，使纱线刚好能通过为止。不要太紧，否则正常编织时，纱线开关也可能报警；也不能太松，否则有不合要求的纱结通过时又不能发出报警，如图4-1-5所示。

图 4-1-4　张力盘

图 4-1-5　纱结捕结器

（5）穿过绷紧的弹力带小孔：穿纱时应由后往前穿，否则纱线编织时会被拉断，穿完后调节弹力大小，使弹力能够把纱线挑起，又不引发报警即可，如图4-1-6所示。

（6）连接输纱器（一般5针、7针等粗针机为送纱器，12针、14针等细针机为储纱器）：输纱器的作用是减少纱线在编织过程中的张力，穿纱路径如图4-1-7所示。纱线通过导纱孔时基本是直线通过；还有一个清纱盘，穿纱时，把盘盖打开，把纱线挂入盘中挂钩即可；在穿纱过程中，穿过导纱孔的方向不能反向，否则输纱器转动时，纱线会被拉断；报警开关要通过纱线，否则纱线用完或纱线拉断时，输纱器不会发出报警；5针、7针等粗针横机，由于纱线较粗，张力较大，可以省去此步骤。

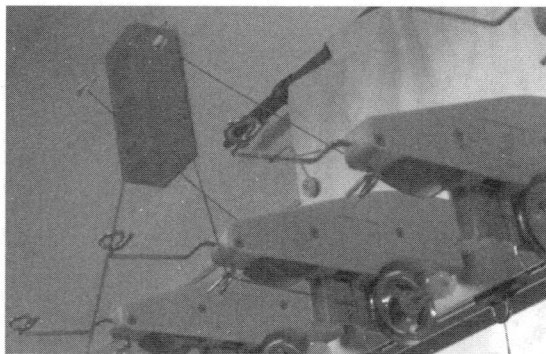

图 4-1-6　张力簧

图 4-1-7　输纱器

（7）穿过左/右收线：左/右收线每边都有三组孔，如图 4-1-8（a）所示，每个孔的号码从前往后依次是 1 号、2 号、3 号、4 号、5 号、6 号、7 号、8 号，分别对应的纱嘴是 1 号、2 号、3 号、4 号、5 号、6 号、7 号、8 号。

穿纱孔与纱嘴号相对应，否则纱线可能相交，影响编织质量，也可能出现纱线在编织过程中被拉断的现象；穿纱时此处有一个清纱器，别漏穿，它的作用是清洁纱线并固定纱线的线路；边线弹簧的穿纱孔是从上往下穿，不要穿反，否则编织时纱线会被拉断，如图 4-1-8（b）所示；纱线要经过夹线盘，减少纱线的振动，可以减少漏针等现象的出现；穿完左/右收线后，移动弹簧按钮，调节收线弹簧的弹力，使其有适当的弹力即可，弹力太大或太小都可能会出现漏针，弹力太小还会出现烂边现象。

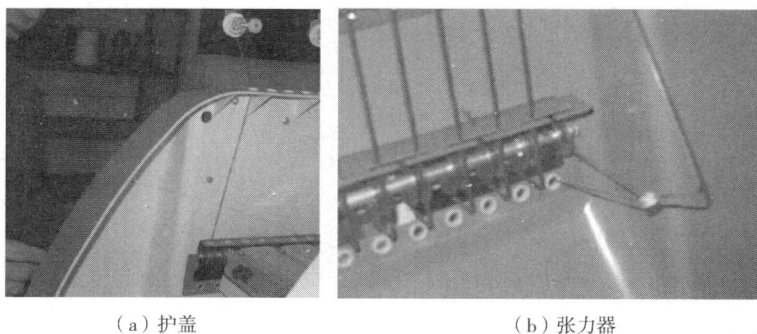

（a）护盖 　　　　　　　　　　（b）张力器

图 4-1-8　侧护盖

（8）穿过导纱孔：此处导纱孔有 8 组，从外向里分别是 1 组、2 组、3 组、4 组、5 组、6 组、7 组、8 组，穿纱时导纱孔的组号要与纱嘴号对应，如图 4-1-9 所示，否则纱线可能会相交，编织时将会出现纱线被拉断的现象。

图 4-1-9　导纱孔

图 4-1-10 穿纱嘴耳

（9）经过纱嘴耳、穿入纱嘴，完成穿线过程：穿纱嘴耳时，如纱线从左边输入则穿纱嘴的左耳，如纱线是从右边输入则穿纱嘴的右耳，如图 4-1-10 所示；穿完纱嘴后固定纱线，没有起底板的横机用编织区域内的织针钩住，有起底板的横机用夹子夹住。

穿线纱后，①检查天线台和左/右收线的弹力，必须确保适合弹力，以避免断纱不报警现象，避免漏针、烂边等现象。②检查纱嘴与纱嘴之间的线纱不能穿成交叉状态，防止编织时纱线扭缠而被拉断。

（三）穿纱注意事项

穿纱环节如图 4-1-11 所示，注意事项如下。

（1）纱架的天线与结头开关应依照使用纱种调整。张力盘不可过紧，调好张力盘后再调天线弹力，正确的弹力是天线会稍微抬起所穿之纱。结头爪可以防止结头织进布匹，减少破洞产生。

（2）线台是一个过滤纱线的装置，当纱线有结头或者断开时会发出警报，并停机不运行。防止在机器编织的布片烂孔掉片，同时还可以调节输送的纱线的松紧。

（3）输纱器是一个纱线中转装置，其功能与天线台大致相同，但它更进一

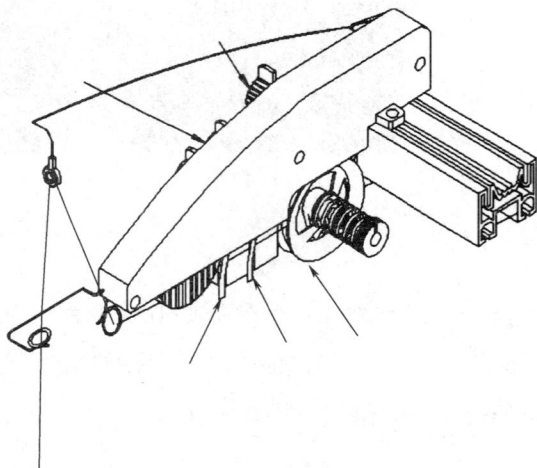

图 4-1-11 天线装置

步地对纱线的输送和松紧进行控制，使纱线输送更顺畅并可储存部分经过天线台过滤的纱线以保证在天线台一方突然断纱线时继续供应纱线编织。同时，调整输纱器的供线松紧可直接影响到布片的松紧（即度目）。

二、开关机

纱线穿好之后可以开机，用准备好的花型文件进行编织。

（一）开机

接通市电，合上电源开关，如图4-1-12所示。注意应是交流220V，如电压低于200V或高于230V，要加稳压器。接通电脑横机电路，推上自动保护开关，如图4-1-13所示。起动机器内部电源，打开系统，按下绿色按钮，完成开机。

图4-1-12　市电开关

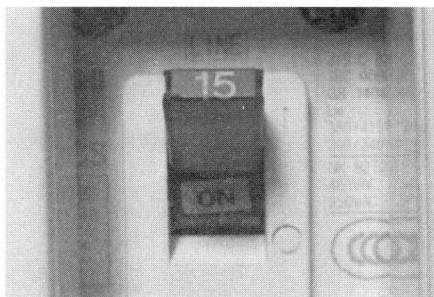

图4-1-13　电源保护开关

（二）关机

系统一、系统二是不同厂家生产的不同牌子的电脑横机，其显示屏和电源开关略有不同。触控和机器开关关机同步进行。

1. 系统一

在主界面，点击右上角时间处，如图4-1-14所示时间部位；接着点击"关闭电脑机"按钮，如图4-1-15所示屏幕上方；接着点击"是"按钮关闭机器，如图4-1-16所示。

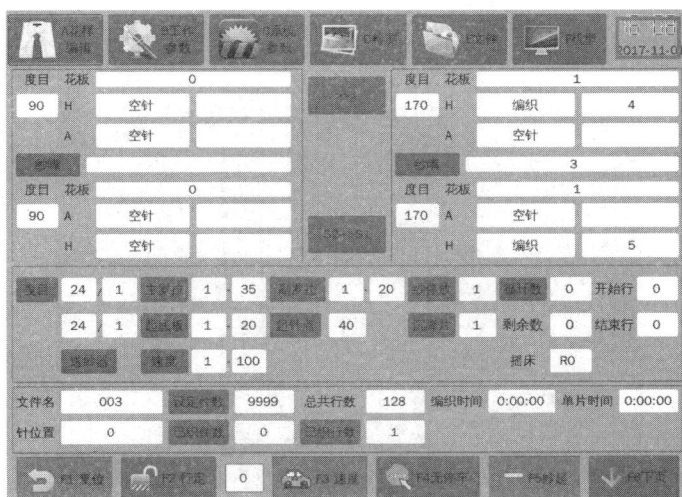

图4-1-14　主界面

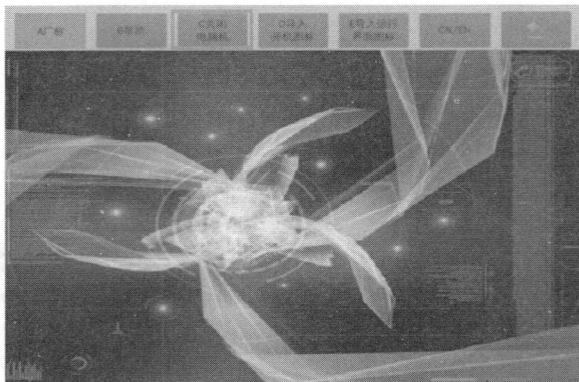

图 4-1-15　关机界面

图 4-1-16　关机提示

2. 系统二

在主界面，点击"关闭电脑"按钮，出现如图 4-1-17 所示对话框；在对话框中选择"确定"，如图 4-1-18 所示；按下"OFF"关机，切断机器内部电源，关闭系统；断开电脑横机电路，拉下自动保护开关，如图 4-1-19 所示；断开市电，拉下电源开关，如图 4-1-20 所示。

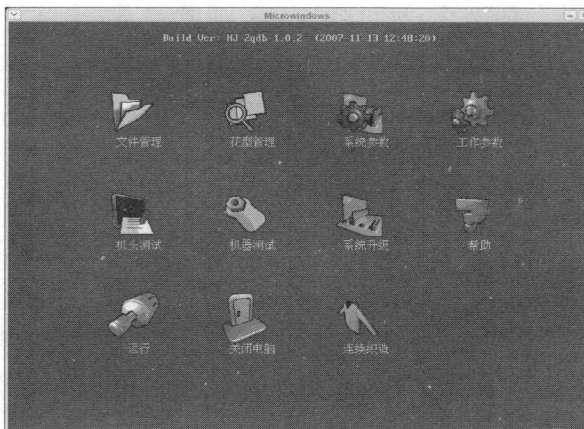

图 4-1-17　主界面

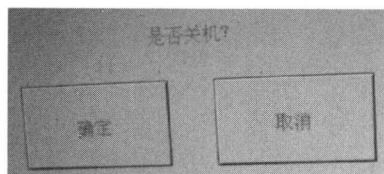

图 4-1-18 关机提示

图 4-1-19 保护开关

图 4-1-20 市电开关

三、编织样片

（一）操作步骤

1. 机器清理、检查

清理机器时，把机器上和机器内的杂物、异物清理干净。清理顺序由上到下，由里到外。检查各枚针是否完好，并用手推动机头来回运动一次，查看针钩、针舌是否完整。

2. 基本操作

开机后输入花样，将画好的花样编译，把编译的压缩文件用 U 盘拷入机器上机，如66。选择花样，在机器内存文件中选择该花样，如66。点击"选定花样"，回到主界面，点击"花样编织"到运行界面进行花样编织。点击"复位"启动操纵杆，机头归边，机器复位。设定机器编织参数，调整度目、速度、主罗拉、起始针等相关参数。

3. 纱嘴操作

检查要用的纱嘴和初始位置，检查是否有要更换的纱嘴。将要用的纱嘴穿好对应的纱线。将纱嘴停放好位置：①对于没有起底板的横机，为编织物两边半寸的位置；②对于有起底板的横机，为初始位置。固定纱线，将纱嘴纱线固定：①对于没有起底板的横机，用要编织的左右两边的织针钩住纱线；②对于有起底板的横机，用夹子夹住，如图 4-1-21所示。

对于无起底板的横机，按下"行定"按钮，启动操纵杆开始编织废纱，在编织到主罗拉到废纱布片时，按下"行定"按钮取消行定，正式编织布片；对于有起底板的横机，直接启动开关。编织完毕，关机。

（二）操作要点

1. 设定各段的数字值

可以通过在编织时观察工作画面，从中获得信息，确认目前工作的这一行的段度目罗

图 4-1-21　夹纱

拉速度等。编织时应注意编织口上布片编织的变化，并根据变化做出合适的调整。布片由废纱、拆线、起底、空转、罗纹、罗纹接大身最后一转（粗）、大身组成。废纱为使其自动往下编织，所以度目数值应该小一点，即密度紧一点，一般放在第 12 段；罗拉拉力应该大一点，便于往下编织；拆线主要是方便废纱与衣片可以更好地脱离，所以度目数值要大一点，也为了更好地拆线；起底时度目要紧一点，这样才会与罗纹编织协调；起底跟罗纹空转时的密度应该与罗纹编织的密度一样；起底时罗拉拉力要调小一点，防止拉坏布片；罗纹编织时根据工艺要求调整其度目数值，罗拉转速可以快一点。罗纹最后一转应该将度目数值加大，使密度放松，使其度目数值与大身接近，方便接大身时翻针。在翻针时罗拉拉力应该放到最小，度目数值应该放大，或者跟大身度目数值相平。

大身应该符合工艺要求，在试织样片时可以考虑放松一点，即度目数值放大一点。当完整的样片编织好以后，再将其调整到符合工艺的要求。

2. 罗纹起底设置

罗纹起底编织密度要紧一点，最好的方法是在度目三角工作时关闭其中的一个，使其在零位工作，使起底密度达到最紧的状态。要关闭度目三角，首先要明白是哪两个三角在罗纹起底时工作，不管左行还是右行，每个系统都只有后面两个三角工作，只要确定起底时的工作系统，再观察运行方向就可以确定两个工作度目三角。例如，起底时是右系统工作往左行起底，那么就是 4 号和 8 号度目电动机在工作，以此类推，找到要工作的度目电动机，然后接着找到是前针床下片还是后针床下片，因为起底时总要下掉一边的纱，要弄清是下前针床还是后针床的纱，只要看起底时前后针床哪个没有挂线圈，前针床没挂线圈就表示前针床落布，后床没挂线圈就是表示后针床落布，这时只要关闭落布电动机。

3. 纱线的选择

根据针距匹配纱和线，纱一般指的是那些单股比较粗，手感比较柔和，弹性比较好，收缩力较强的毛线；线是指单股比较细，比较有质感，弹力、收缩力都很小，但韧性比较强的毛线。7针用纱一般用单股3条，用线一般用单股5~6条。12针以上一般纱与线都用单股1条比较常见，通常把7针以下的针别统称为粗针，12针以上的称为细针。夹丝是指一条纱一条丝用专门的纱嘴进行编织，编织出的布片纱线盖在丝的上面，即正面是纱线，背面或里面是丝，俗称嵌毛。

4. 夹丝处理

夹丝是一种编织形式，编织出的布片正面是纱线，背面是丝（如单面夹丝），或者布片外面是纱线，里面是丝（如密针四平、罗纹夹丝）。一块合格的夹丝布片，正面或外面不允许有丝上翻（即要求正面和外面看不到丝）。有专门的纱嘴来达到夹丝目的，穿纱时主色（即纱线）穿在翻丝纱嘴正中下面的孔中，丝则穿在上面的其中的一个长形孔中。三孔纱嘴具有夹丝好，易调节的特点。在夹丝布片中翻丝是最常见的问题，翻丝是指丝跑到了纱线的正面或外面。而三孔纱嘴能很好地解决这个问题，翻丝时可以把纱嘴吃线的位置调小一点，纱嘴调高一点。

5. 罗纹编织

罗纹一般有F罗纹、1×1罗纹、2×1罗纹、2×2罗纹、3×1罗纹、3×2罗纹、3×3罗纹、4×3罗纹等。F罗纹也叫空转或蜜针圆同，它是前后单面编织形成的一个袋，摇床位置是针对针的位置。几乘几的罗纹，前面的数字是编织的针的数字，后面的数字是空针（不织的针）的数字，如4×2罗纹就是4针编织，空2针不织。

第二节　操作流程

操作规程是规范电脑横机操作，并提高单个横机工操作的机器数量。

一、编织操作

(一) 编织准备

（1）根据工艺单的要求到纱库领取纱线，领纱时要核对纱线的品种、色号、批号、重量等，确认无误并检查纱线有无脏污，筒纱成型是否完好。

（2）机器在运行前先检查机器上各部位元件是否归位，元件是否完整，如八段选针针脚是否高于针板表面等。

（3）开动电脑横机前，用手推动机关来回运动一周，可避免因针床上有异物或织针、针脚等未安装好而引起的事故。

（4）确定工艺：领取工艺单→领取原料→穿纱→机读取程序→基本参数设置→检查机器各部件是否归位→确认运行→第一片半成品试编织→参数及机器相关部位微调→正式编织衣片→衣片检验。领取工艺单制版，并且选择相应的原料。

（二）穿纱

根据编织要求选择合适的纱嘴并穿好纱线。所有穿纱过程，应保证机器急停开关处于工作状态，避免误操作发生危险。纱线放在导纱环的正下方，电子张力器台和侧张力器装置调整到最佳状态，主纱选用中间的纱嘴，起底纱和分离纱选用外侧的纱嘴。

1. 起底纱

以 LXC-252SC 系列机器为例，纱线按图 4-2-1、图 4-2-2 所示排列，起底纱（专用的橡筋线）穿在左侧第一个电子张力器台上，使用 8 号纱嘴编织，分离纱（封口纱）穿在右侧第一个电子张力器台上，使用 1 号纱嘴编织。

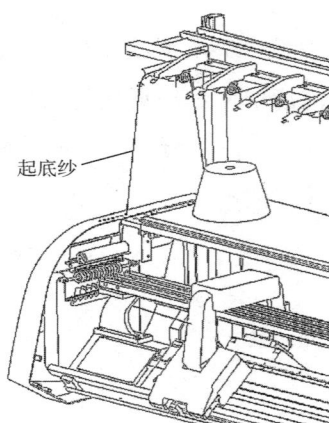

图 4-2-1　起底纱的穿纱　　　　　　　图 4-2-2　分离纱的穿纱

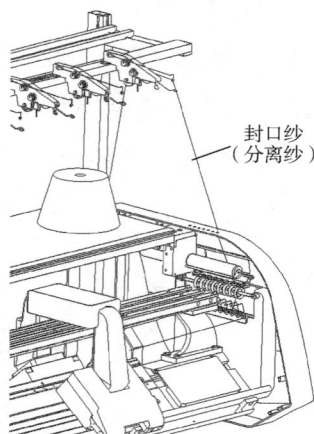

2. 电子张力器台

旋转夹线盘的旋钮应调整至适当位置以控制夹线盘的夹紧力，使纱线能不受阻力地通过，又可以过滤掉纱线上过多的蜡渍和线絮；旋转张力器旋钮应调整至适当位置以给纱线一定的张力，从而保证断纱之后张力器能够弹起报警；旋转结头爪旋钮调整捕结器的空隙大小，使之遇到大的纱结后捕结器能够弹起发出报警信号（图4-2-3）。

3. 侧张力器

按图4-2-4所示穿好纱线，调整拉簧按钮使挑线簧有一定的张力，断纱后挑线簧能自动弹起碰触到侧张力器感侧板，发出侧张力器断纱信号，使机器自动停止。

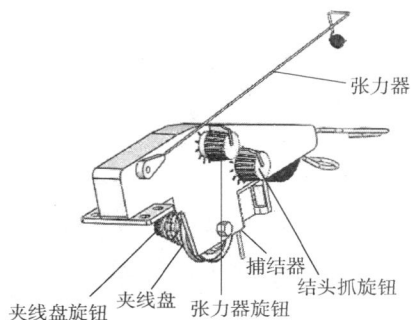

图4-2-3　电子张力器台

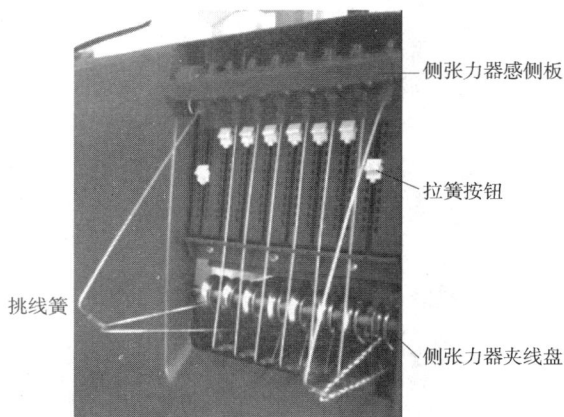

图4-2-4　侧张力器

（三）开机，读取程序

1. 开机

打开主电源开关，待主界面显示完全后按下绿色启动按钮给机器伺服系统供电，如图4-2-5所示。

2. 读取花样

用触摸笔点选"文件"进入"文件管理"界面，在屏幕左下方会出现"请插入 U 盘"字样，待系统读取到 U 盘后，右框文件清单中显示 U 盘中的花样文件，选中要编织的花样文件名后，点击"花样导入"按钮，将花样拷贝到机器内存。花样导入机器内存后，选中要编织的花样，点击"选择花样"按钮，如图4-2-6和图4-2-7所示。

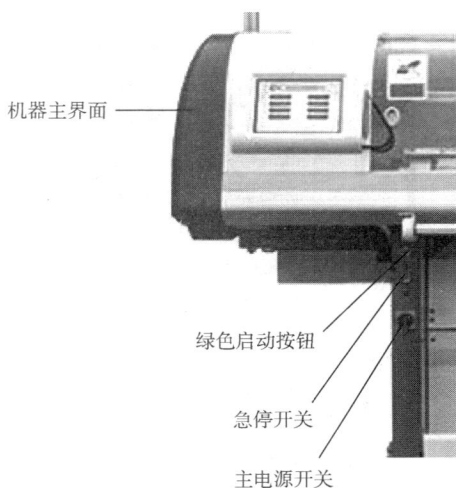

图4-2-5　电脑横机控制开关部分

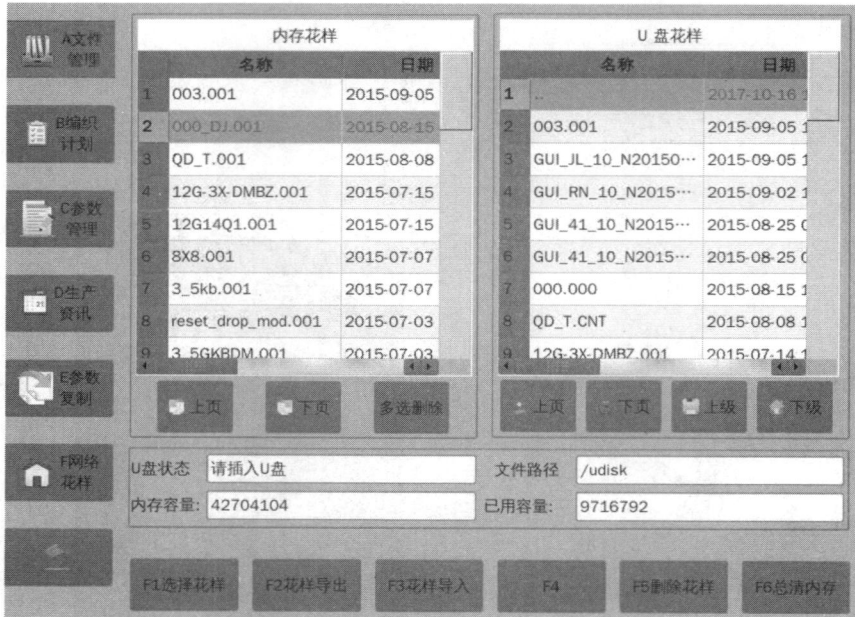

图 4-2-6　系统一界面

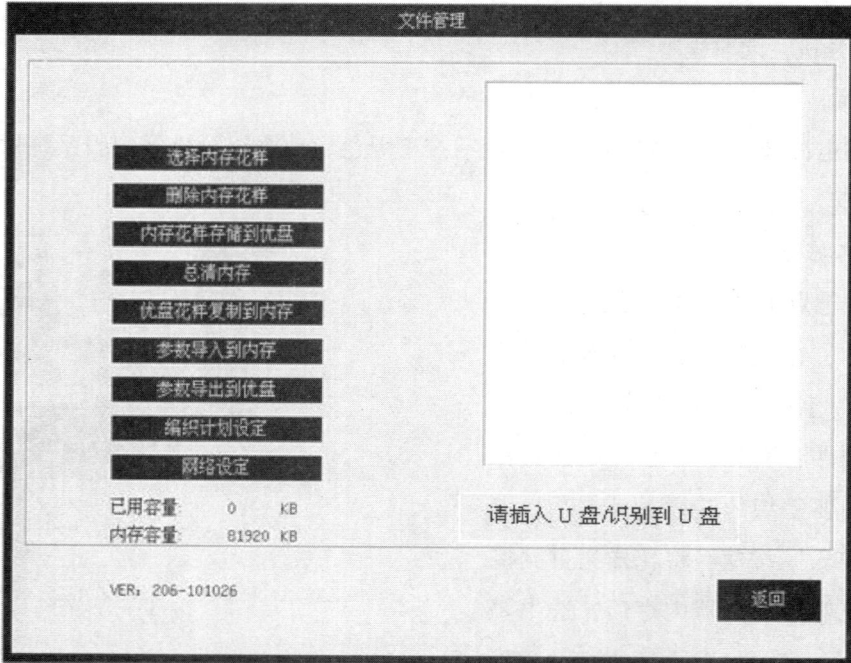

图 4-2-7　系统二界面

（四）基本参数设置

在编织花样界面中调整各项相关参数，如图4-2-8和图4-2-9所示。

图4-2-8　系统一基本参数设置

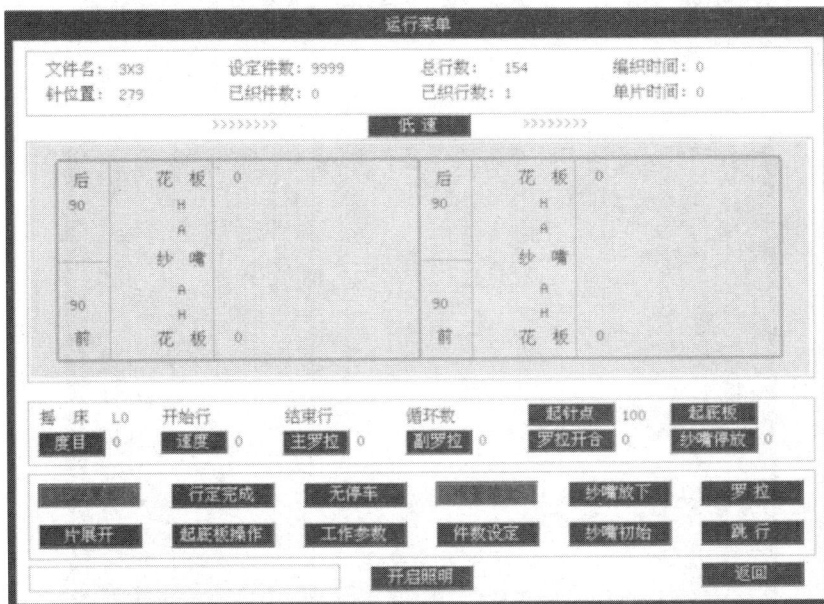

图4-2-9　系统二基本参数设置

（1）起针点：花样进行第一行编织时的出针位置。设置原则为起针点数值必须大于左侧衣片的加针数，设置不当会出现"位置计算超出限位"的报警，且每次修改完起针点数值后必须先复位将其激活才能执行。

（2）度目值调整：按工艺要求设置机器度目值，在正式生产衣片前，应该先编织一块同组织的小片来确定线圈的密度值，待小片编织结束后进行拉密检测，如果与规定的密度值有偏差应调整机器度目值，度目值调整参数如图 4-2-10 和图 4-2-11 所示。

图 4-2-10　系统一度目值参数调整

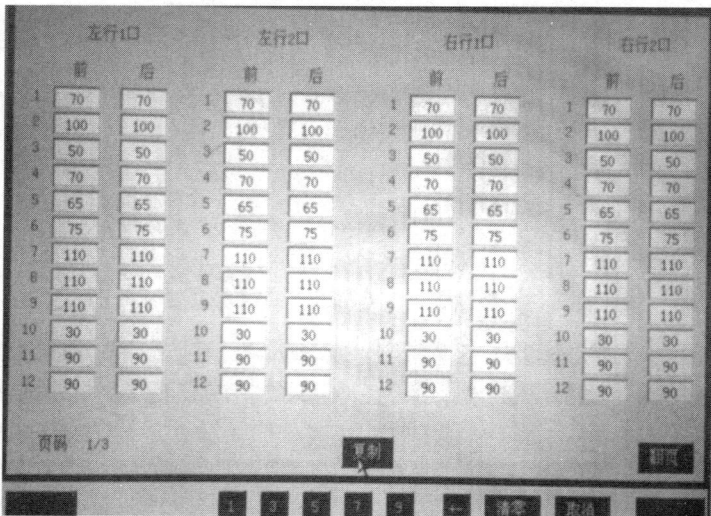

图 4-2-11　系统二度目值参数调整

（3）电动机速度参数设定：必须按照工艺单所规定的速度进行设定，禁止操作工私自调整速度，速度表如图 4-2-12 和图 4-2-13 所示。

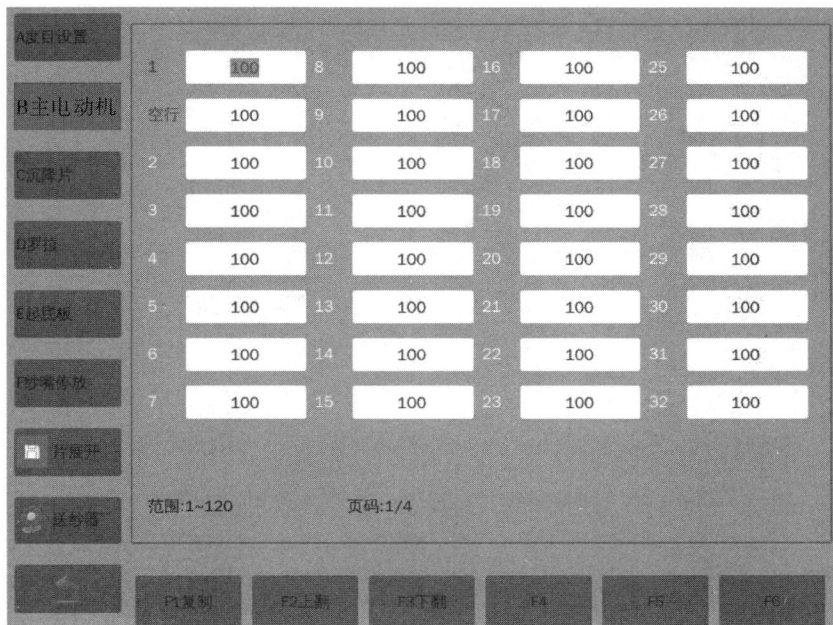

图 4-2-12　系统一电动机速度参数设定

图 4-2-13　系统二电动机速度参数设定

（4）拉力设置：必须按照工艺单所规定的拉力值进行设定，禁止操作工私自调整，如图4-2-14和图4-2-15所示。

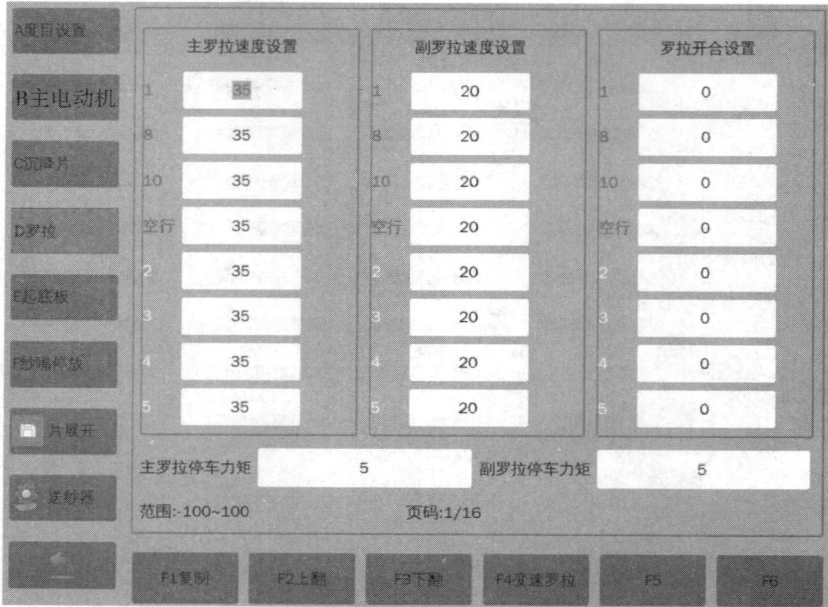

图4-2-14　系统一主罗拉速度设定界面

图4-2-15　系统二主罗拉速度设定界面

（5）纱嘴停放点设置：必须按照工艺单所规定的停放点进行设定，禁止操作工私自调整，为了避免所有使用到的纱嘴在编织时相互碰撞，造成"探针报警"甚至撞坏针头等问题，在编织前先设置好各纱嘴的停放点位置，使之依次排开尽量互不干扰，同时在编织过程中再根据实际情况进行微调，如图4-2-16和图4-2-17所示。

图4-2-16　系统一纱嘴停放点设置

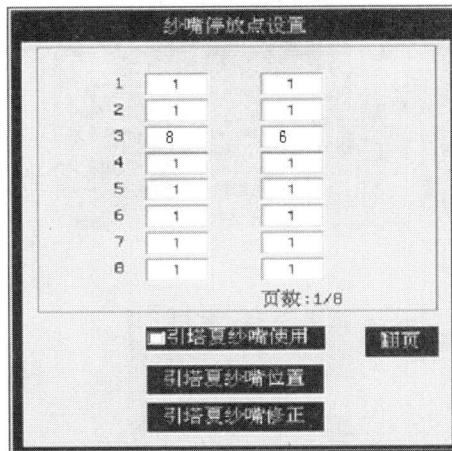

图4-2-17　系统二纱嘴停放点设置

（6）机头回转距设置：必须按照工艺单所规定的数值进行设定，禁止操作工私自调整。

　　基本参数调整好之后，检查机器各元件是否归零，针板上是否有异物，如果一切正常则点击"复位"确认，使机头归到零位，开始试编织，非起底板机器必须打"行定"编织废纱（机头纱）至罗拉位置，当衣片进入罗拉时取消行定，开始正常运行，带起底板的机器则可以直接开始编织，不能打"行定"。

二、衣片检验

（一）准备环节

1. 采用工具

　　常用的工具包括：①吸尘器：吸除针板上的线絮；②针齿钩：更换针脚时使用；③尖嘴钳子：更换弹簧针时使用；④油壶：给针板等部位加油润滑；⑤压布刀：下压上浮的线圈，割断缠绕在罗拉上的毛线；⑥气枪：清理针板及机头山板中的异物；⑦棉纺布：擦拭机器各部位的油渍等；⑧剪刀：剪断毛纱、拆分衣片；⑨润滑脂：给某些传动部位润滑；⑩尺子：测量拉密。如图 4-2-18 所示。

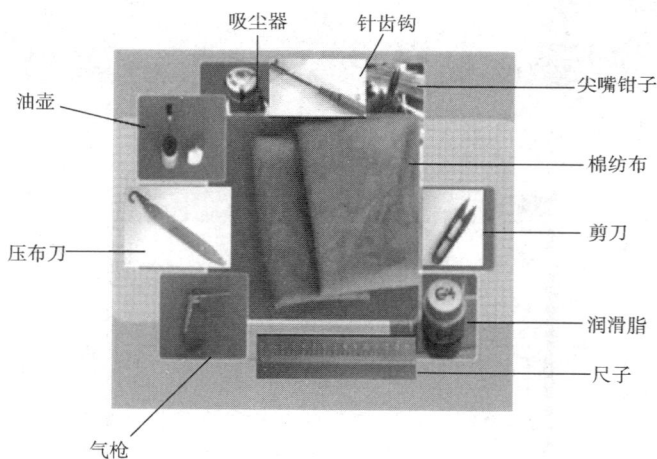

图 4-2-18　常用工具

2. 注意事项

　　（1）平面领子量法：团缩两遍后再量，自机头纱下第一行主色线处开始量（具体按工艺要求）。连织领子下机尺寸的量法：以连织的第 3 至第 5 个领子的宽度和长度为准，不能以起头第一个领子尺寸为准。

　　（2）在做大货时应按规定经常测量尺寸，换色和换毛纱时必须重新测量。

　　（3）抽条组织的衣片以竖拉（直密）为准，因为抽条组织横向拉容易变形。

（4）全身加莱卡的品种一般允许误差在1cm以内。

（5）自检片及配前后片：挡车人员要对量衣片进行自检，检查品种、公分，看衣片中有无掉套、破边、破洞、粗细纱等疵点。

（6）交货：按物流卡明细编织好衣片后先核对件数、公分及附件数量是否齐全，交衣片时连同余纱一起交回库房。

（7）交接班时要填好交接记录。

（二）准操作环节

1. 基本流程

按照工艺单要求的测量方法进行衣片检验，首先按要求测量衣片的横密和直密，其次测量衣片的掼缩尺寸，即衣片在通常状态下的总长度和总宽度，测量长度的方法是将整片经过一段时间团缩、摔打后，把衣片卷起，接着摊平，用尺子测量从螺纹起口到衣片结束总长度；前后片、袖片宽度均从平收处测量（无平收的在腋下从第一个花下1cm处测量），合格后继续编织，做记录并称重量以便计算所需用纱的总量。

2. 特殊流程

这一流程根据生产实际确定，如拆毛流程，将剩余的纱线、废片一同交回，仓库管理员核对重量及消耗，统一管理与发放，再重新编织可减少浪费。废片可进行拆纱、拆毛，拆毛机如图4-2-19所示。

图 4-2-19　拆毛机

第三节　零件更换

机头、针床上等部位与编织相关零件更换都有相对固定的操作模式和方法。这些方法包括整体式拆装与单一式拆装，操作程序和手法十分关键，操作关乎机件、部件和机器整体运转恢复到原有状态，确保运转质量。以比较有代表性的LXC-252机型系列为例。

一、机头

(一) 机头移出、装回

1. 移出

机头可从机器的左侧或右侧移出，步骤如下（图4-3-1）。

关闭电源；剪断一侧的纱线；拔下侧天线和送纱器的电线连接端子；拆下侧护罩；拆下送纱器；松开机头线插头的螺母，拔下机头线插头；松开机头驱动板上的两个螺母，将机头驱动板从机头上移开；小心移出机头，将机头山板朝上放置。应当由两人共同完成。

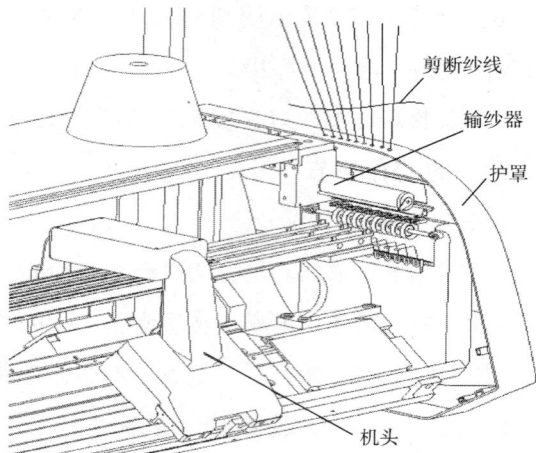

剪断纱线
输纱器
护罩
机头

图4-3-1　机头

2. 装回

装回机头时按"移出机头步骤"相反的顺序安装。检查所有的插头和固定螺丝/螺母，确认无误后才可再开机。

(二) 相关更换

1. 更换毛刷

①更换毛刷：松开毛刷固定夹片上的两个螺丝并取出旧毛刷；装上新毛刷，锁紧毛刷固定夹片上的两个螺丝。②调节毛刷：毛刷的作用是帮助打开针舌以方便纱线的喂入，毛刷安装在机头底座上，可左右摆动，随着机头运动方向的不同而改变方向。

安装毛刷时，毛刷在把手两侧显示的距离一样；毛刷倾斜，这样就不会碰及导纱器；编织过程中毛刷不能碰到针钩，距离为0.5~1mm。

2. 更换选针器

更换选针器步骤为：①拆下机头护罩；②拔下需更换选针器的插头；③松开选针器的两个螺丝；④取出选针器；⑤锁紧两个固定螺丝；⑥插上选针器插头；⑦盖上机头护罩。

3. 更换纱嘴座

更换纱嘴座步骤为：①松开纱嘴座下部滑块上的两个内六角螺丝；②移动纱嘴座下部滑块，将纱嘴座从纱嘴导轨上取下来；③新的纱嘴座套上纱嘴导轨；④纱嘴座下部滑块调整到合适位置并拧紧两个螺丝；⑤手左右移动纱嘴，检查是否安装牢固。如图4-3-2所示。

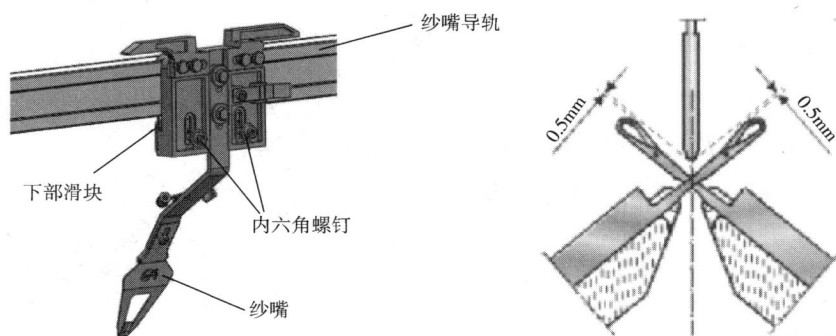

图 4-3-2 纱嘴座

导纱器在编织的过程中要准确地垫入纱线，在安装时必须注意：每个系统的导纱器和编织系统的三角中心的距离在两个机头方向都应该一致；每个导纱器纱线喂入打开的针舌内的位置应相同；导纱器必须准确地在两个针床之间运动，导纱器距离闭合针舌的距离应为 0.5~1.0mm；位于切夹纱装置区域的导纱器不能碰到工作位置的切纱刀；导轨 1 和导轨 8 上的导纱器也应适当调高 0.5mm，保证导纱器不接触针床上的限位器。

调节导纱器时，应该将导纱器置于织针区域，便于调节到合适的位置。调节完毕后，慢速移动机头，检查导纱器调整。

二、更换针床上的零件

更换针床上的零件前先关电源。

（一）更换选针脚

1. 基本要求

针尺挡板等推动力量均匀，推移安装位置准确，防止撞击。图 4-3-3 所示深色的为选针脚。

2. 主要步骤

更换选针脚的主要步骤为：①将针尺挡板下推到极限位；②推开选针脚针尺；③取出需更换的选针脚；④装入新的相应号码的选针脚（选针脚有 1~8# 共 8 种规格）；⑤推回选针脚针尺；⑥将针

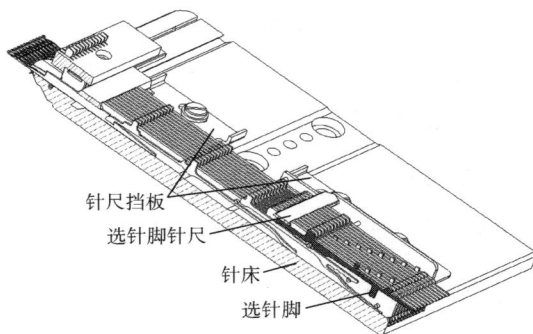

图 4-3-3 选针脚位置

尺挡板推到上限位。

（二）更换弹簧针脚

1. 基本要求

推移、夹持动作规范，按照要求使
用专业工具。图 4-3-4 所示深色的为弹
簧针脚。

2. 主要步骤

更换弹簧针脚的主要步骤为：①将
需要更换的弹簧针脚和同一针槽中的长
针脚推到最高位；②用尖嘴钳夹住弹簧

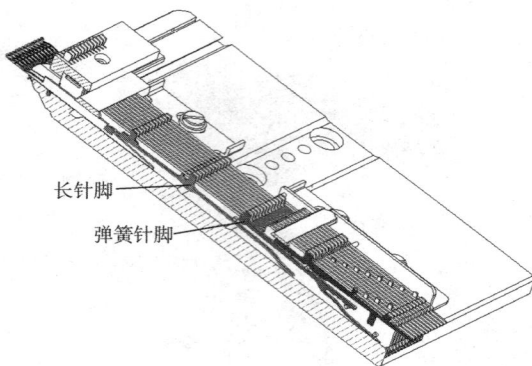

图 4-3-4　弹簧针脚位置

针脚的头端斜向上拉出弹簧针脚；③将新的弹簧针斜向下插入针槽，按住弹簧针脚的头端
将弹簧针脚下推到工作位置；④检查弹簧针脚的位置正确后将长针脚推回到正常位置。

（三）更换长针脚

1. 基本要求

长针与其他机件的配合是核心。
图 4-3-5所示深色的为一组长针脚（在
织针下）。

2. 主要步骤

更换长针脚的主要步骤为：①将针
尺挡板下推到极限位；②推开织针针尺；
③需更换的长针脚推到最高位与织针分
离；④取出长针脚；⑤装入新的长针脚
并与织针结合；⑥长针脚下推到初始位置；⑦推合织针针尺。

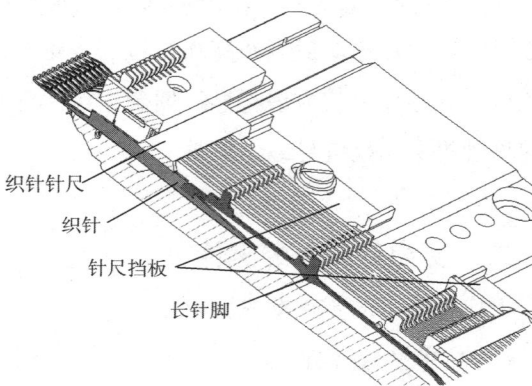

图 4-3-5　长针脚位置

（四）更换织针

1. 基本要求

更换织针是一个关键环节，织针与长针的配合必须准确、到位。图 4-3-6 所示深色的
为一组织针（在长针上）。

2. 主要步骤

更换织针的主要步骤为：①将针尺挡板下推到极限位；②推开织针针尺；③将需要更

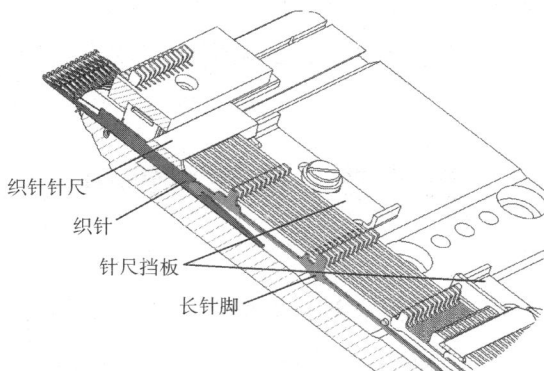

图 4-3-6　织针位置

换的织针连同长针脚推到最高位，将织
针分离取出；④装入新的织针并与长针
脚结合；⑤将长针脚连同织针下推到初
始位置；⑥推合织针针尺；⑦将针尺挡
板推到上限位。

（五）更换齿片

1. 基本要求

钢丝抽出与推回操作、齿片护盖装
回等位置准确（图 4-3-7）。

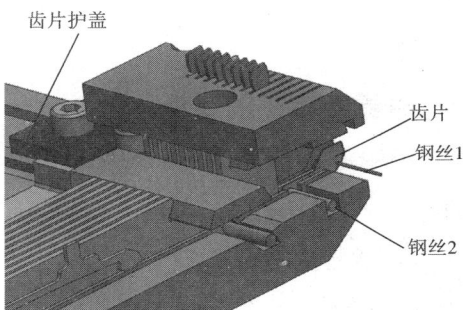

图 4-3-7　齿片位置

2. 主要步骤

更换齿片的主要步骤为：①将针尺两端的齿片护盖松开；②将齿口钢丝和固定齿片与
沉降片的钢丝抽出移至待更换的齿片处；③取出需更换的齿片；④插入新的齿片；⑤将两
根钢丝推回原来的位置；⑥将齿片护盖
装回。

（六）更换沉降片

1. 基本要求

沉降片与其他机件的位置配合是关
键（图 4-3-8）。

2. 主要步骤

更换沉降片的主要步骤为：①将针
床两端的齿片护盖松开；②将固定齿片

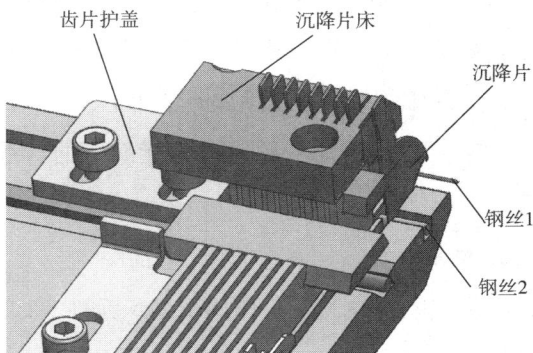

图 4-3-8　沉降片

与沉降片的钢丝抽出移出至待更换的沉降片处；③取出需要更换的沉降片；④插入新的沉降片；⑤将钢丝推回原来的位置；⑥将齿片护盖装回。

第四节　保养与维护

有效合理地保养与维护不仅能够保证机器可靠、稳定地运转，还能够延长机器的使用寿命。保养分为日常保养与定期保养，日常保养主要包括对于机器日常观测、检查，定期保养包括清洁编织机台、给机器加油等，进行机器的保养工作之前，必须先关闭机器电源。

一、保养与维护的准备

对于电脑横机，保养与维护应当抓重点环节，提前准备，主要环节是掌握机器的常见磨损部位。

（一）机器常见磨损

机器运行会发生磨损，特别是牵拉辊、编织机件、毛刷、皮带等的磨损。

1. 牵拉辊

织物的牵拉是通过牵拉辊的相互作用以握持织片。在编织过程中，织物牵拉辊容易磨损，其主要原因如下。

（1）织物牵拉过大，较大的织物牵拉意味着织物牵拉辊和织物间需较大的摩擦力，摩擦力越大，牵拉辊磨损就越严重。在保证正常编织情况下，织物牵拉应设置得越小越好。

（2）牵拉辊间接触压力，牵拉辊间的接触压力大，则牵拉辊间的摩擦和受力就越大，就越容易引起牵拉辊的磨损。牵拉辊间的接触压力可调节，使用时，应将接触压力调节到较小，如果编织时需要较大的牵拉辊压力，则编织结束后，再调回原来的较小值。

（3）要定期清洁牵拉辊内可能缠绕的纱线或起头杂物，完成后，应使用清洁的汽油清理。

2. 编织机件

在编织系统中，三角作用于编织元件，如挺针片、中间片和选针针片等，会引起一定的磨损，因此需要定期清洁三角系统内残留的纱线毛渣并定期给编织系统内三角易磨损部位添加润滑油脂。

3. 毛刷

毛刷作用于针舌，保证织针上升时针舌处于打开状态。较长时间工作后的毛刷容易不平整，这时需要修剪毛刷，使其平整。

4. 皮带（机头驱动皮带、横移、牵拉梳以及辅助牵拉）

皮带作用于金属部件，存在较大的摩擦，必须将皮带调节到正确的位置。皮带的受力不可过紧或过松，过紧的皮带除容易引起较大的磨损外，还可能引起轴承的损坏或偏移正确位置；过松的皮带则会引起编织过程错位的危险，如横移错位等。

（二）准备工作

1. 常用工具

常用工具包括气枪，工业吸尘器，专用压布刀，内六角扳手，3.3cm（1寸）与13.2cm（4寸）毛刷，含油毛刷，吸油性强的机织棉布（禁止使用针织布片），润滑脂及横机润滑油（冬季型与夏季型），尖嘴钳子等。

2. 保养要求

（1）每天使用前必须刷清针板和针舌内的绒花，检查各部位运动情况。

（2）各油孔以及需润滑部件要定期加注润滑油 L-AN22、L-AN32 或缝纫机油。

（3）停机一天以上，要用油布擦洁针板和针头，特别要注意针板上的槽口斜面和栅状齿不要生锈，否则会影响正常工作。

（4）正常工作的机器如果发生撞针，机头运行阻滞时，应及时查看各三角走针面，如有伤痕，应及时修复。

（5）暂时不用的机器，关键零件要涂上一层油脂，并盖上油布或油纸。

3. 应注意的问题

（1）进行定期清洁和加油工作，清理工作采取由上而下、由内而外的方式。

（2）日保养工作应在停机状态下进行，周保养和月保养工作应在断电状态下进行。

（3）在日常生产中，应经常擦拭显示屏、前后防尘盖、前挡板，在编织机停止运转时清洁天桥和机头护盖，保证机身的整体清洁。

（4）日常清理天线台、天线支架和报警灯上的灰尘，可使用毛刷和吸尘器边刷边吸的方法，使用沾有去蜡剂的棉布清洁天线支架上面的纱线张力盘。

（5）螺丝务必拧紧，拆动的部件必须复位。

（6）润滑油和润滑脂具有可燃性。

二、保养与维护的项目

（一）机器的清洁

为保持编织机的运行状态和编织织物的质量，必须定期对编织机器进行清洁和整理，清洁内容如下。

1. 清洁吸尘装置和集尘盒

在编织过程中，吸尘装置工作并吸收编织过程中的毛羽以及灰尘等。在编织易掉毛的纱线时，清洁频率要高些，如每天清洁或半天清洁。

2. 清洁编织机

由于机器编织容易在机器上覆盖较多的毛绒和灰尘，需要用真空吸尘器对编织机器进行清洁。

3. 清洁织针

长时间地编织，纱线毛绒容易聚集在织针上的扩圈片上，所以每两天或一周应该对织针上的移圈弹簧片进行清洁。如图4-4-1所示，机器完成编织后，分别将前针床或后针床上的织针上推，用吸尘器清洁针钩/扩圈片以及针床区域。

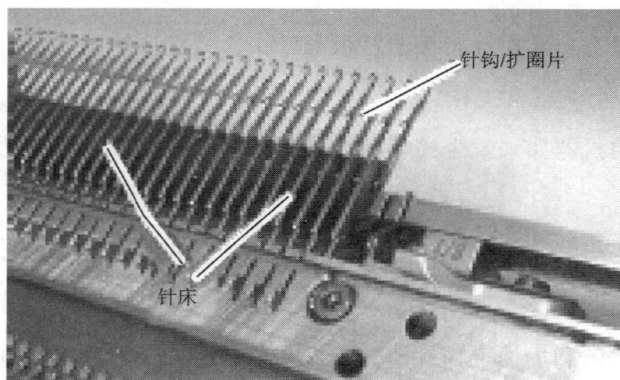

图4-4-1　清理织针

4. 清洁针床

机器长时间运行编织，容易在针床上积累大量的绒毛和灰尘，影响编织部件如织针、挺针片等的运动，这需要每12~26周对针床进行彻底清洁。如图4-4-2所示，在清洁时，停止机器运行，要卸下沉降片针床、织针压条、织针和挺针片等编织元件，用针槽清洁器将灰尘或毛羽等杂物擦出针槽，用压缩空气吹出灰尘，用吸尘器吸走灰尘，然后再组装针床。

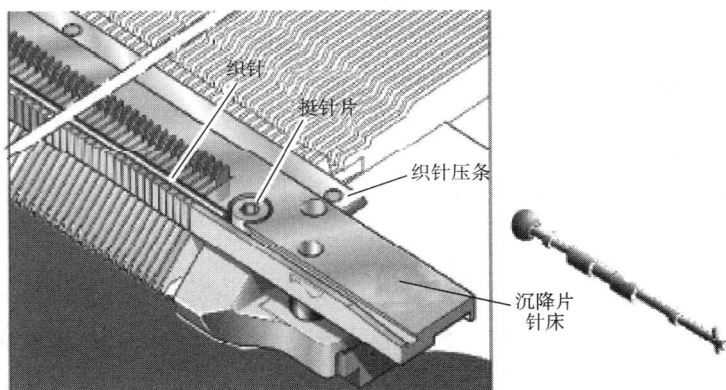

图 4-4-2　清洁针床

5. 清洁编织系统

编织系统需要整体清洁，可采取每六个月清洁一次，还可根据不同情况调整。卸下编织三角系统，然后使用真空吸尘器来清洁编织系统和选针系统。完成后，使用干净的布擦拭选针系统和脉冲发生器；检查三角部件是否磨损和损坏，用毛刷给三角部件加油，然后将三角座重新放到针床上。

6. 清洁电器箱

清洁电器箱的目的是确保电器箱具有良好的通风散热条件，以免电器元件工作温度过高影响机器的性能，甚至引起危险。如电器箱每工作 8～12h 需清洁一次，还可针对不同情况确定。

7. 清洁纱嘴

纱嘴口处如有纱絮会影响线圈的均匀，从而导致织物品质降低，纱嘴口处的纱絮还有可能导致断纱，故应清除干净，如每工作 8～12h 清洁一次。

8. 清洁给纱装置

纱线经过的各个导纱环及张力盘如有纱絮，将导致线圈不均匀甚至断纱，务必清除。

（二）机器的润滑

机器润滑是尽量减少元件之间摩擦损耗，提高机器使用寿命，保证机器正常运转，保证编织产品质量的重要一环。机器润滑要根据不同部位使用特定的专用油剂，采用正确的方法，以保证润滑的效果。

1. 手动润滑油泵

电脑横机安装了一个手动润滑油泵，该油泵能给安装在床身上的给油毛刷座和摇床滑块加油。给油毛刷座的作用是润滑三角座上的起针三角和不织压片。

手动润滑油泵每工作8~12h需推拉手柄一次，向给油毛刷座和摇床滑块加油。手动润滑油泵内的润滑油低于给油线时应及时将油注满。

2. 针床润滑

当机器工作运行超过设定的针床润滑周期时，触摸屏上会显示需要给针床加油的信息。此时，必须重新开始下一个润滑周期。

使用如图4-4-3所示的毛刷或喷瓶加油，同时要给安装在针床侧面的毛刷加油，以便给挺针片附近的三角加油；使用喷壶或毛刷给挺针片片踵、中间片片踵加油（图4-4-4）。

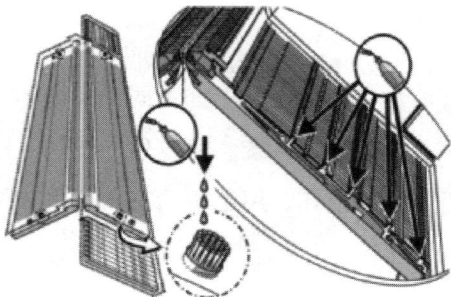

图4-4-3 刷油毛刷

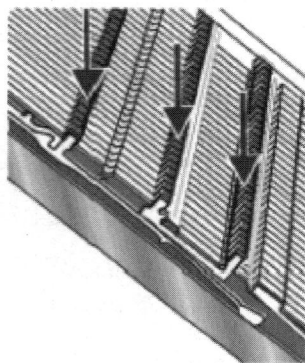

图4-4-4 片踵示意图

使用刷子或喷壶给夹纱点的所有工作端加油，如图4-4-5所示。

使用毛刷给沉降片床①加油，如图4-4-6所示。给沉降片加油不使用喷枪，以免加油量过多。

图4-4-5 纱夹工作端

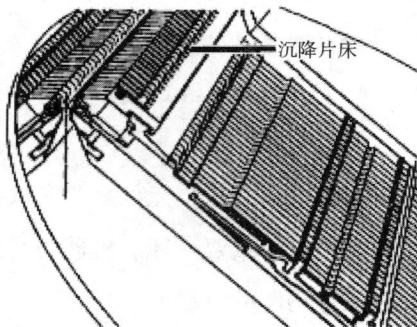

图4-4-6 沉降片床

3. 导纱器导轨加油

如图 4-4-7 所示，使用嵌花导纱器应使用抹布拭去润滑油，直至导纱器杆 1 上的凹口保留一层润滑油膜为止。

4. 机头导轨杆加油

机头导轨杆两面都要加油，如图 4-4-8 所示。

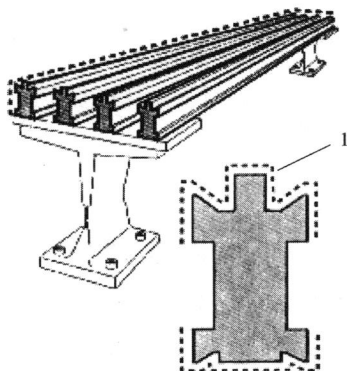

图 4-4-7 纱嘴导轨

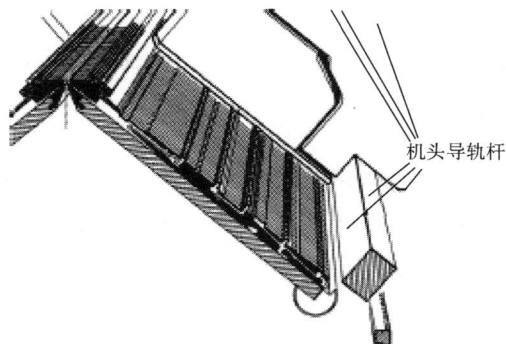

图 4-4-8 机头导轨

5. 主牵拉辊链轮润滑

主牵拉辊链轮每三个月加油一次。

6. 副牵拉辊罗拉齿轮润滑

副牵拉辊罗拉齿轮每三个月加油一次。

7. 摇床滚珠丝杠润滑

摇床滚珠丝杠每年加油一次。

第五章　界面参数设置

　　控制系统通过显示屏操作，是电脑横机操控的重要组成部分。不同品牌电脑横机的操作系统不同，其显示屏也有所区别。

　　较典型的系统操作界面通常包括主界面、运行界面、主要参数及纱嘴等的设置。主界面是指开机过后机器显示的桌面，通过桌面进入各大功能模块。运行界面是指机器正在进行编织时显示的工作桌面，可以看到机器的运行状态，以及关于织片的一些参数。主要参数输入指花型编织时，线圈的松紧、机头运行的快慢、织片牵拉状况等和花型编织相关的数据，以及纱嘴的确认、更换、停放及花样循环设定。

第一节　主界面

　　主界面即电脑横机通电开机后显示的界面，一般显示该机器的几大功能模块。点击不同按键可对机器进行各项操作。

　　系统一为睿能公司开发的F4000电控系统，其特点是操作上可以使用传统的按键模式，也可以使用触屏模式，布局上强化了功能分布；系统二为恒强电控系统，其特点为传统的按键模式，按照功能区分了各个界面；系统三为龙星电脑横机的电控系统，是睿能公司开发的专用F4000系统，其特点是按照功能区分界面的基础上将按键模式升级为触屏模式，去除了操作键盘。这三个界面是国产电脑横机中具有代表性的界面。

一、系统一主界面

　　这是一种类型的系统，开机启动后，单击显示屏中部，进入主界面，点击屏幕顶部"A花样编辑"至"F机型"任一图标进入相应功能模块，其特点是将所有的大模块都放在运行界面里，没有单独的主界面，如图5-1-1所示。

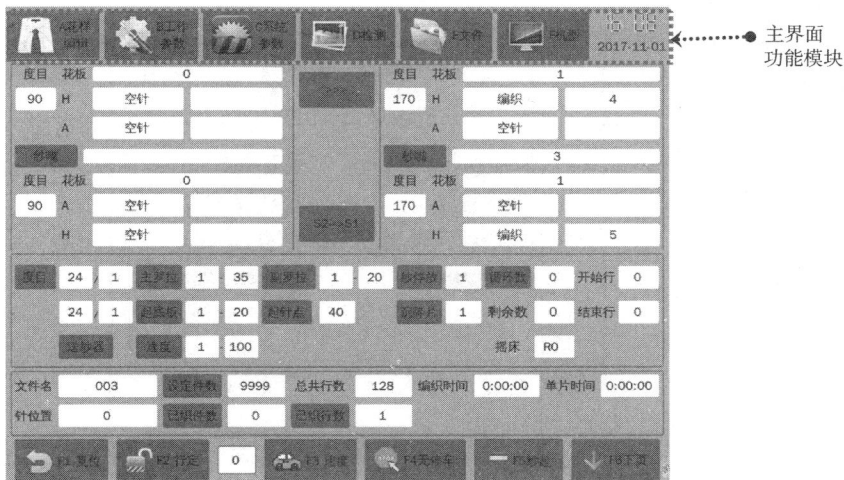

图 5-1-1　系统一主界面

二、系统二主界面

开机启动后，进入横机控制系统主界面。点击任一图标进入相应的功能模块，将所有的功能模块放在单独的主界面上，根据操作进入对应的功能界面，如图 5-1-2 所示。

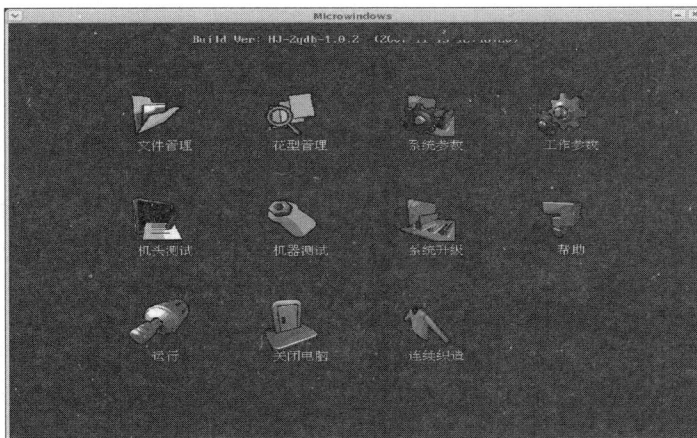

图 5-1-2　系统二主界面

三、系统三主界面

开机后，显示屏显示一系列主菜单，可分别用触摸笔点选进入不同的功能界面，布局类比系统二主要模块分布于主界面，将模块归类合并，简化操作，如图 5-1-3 所示。

图 5-1-3　系统三主界面

第二节　运行界面

运行界面即机器编织花样时显示的用于控制机头的界面。运行界面显示编织状态和参数，可在编织过程中对一些编织参数进行调整，使得花型编织完好。

一、系统一运行界面

主界面即运行界面，按信息分布可大致分为系统功能区、编织花样信息区、编织参数区、编织基本信息区、编织运行功能键区。编织花样运行前，确认编织参数与工作参数，如图 5-2-1 所示。

（一）编织花样信息区

1. 花板行

当前行花板号（即 PAT 行号），其位置与机头实际位置相对应。

2. 度目

显示当前行度目值（不包含度目补正值），度目位置与机头实际位置相对应。

3. 纱嘴

显示当前纱嘴号，一个系统最多只带两把纱嘴，其位置与机头实际位置相对应。

4. A

显示 A 位信息，左框显示编织信息，右框显示 PAT 中的色码代号（0~F）。

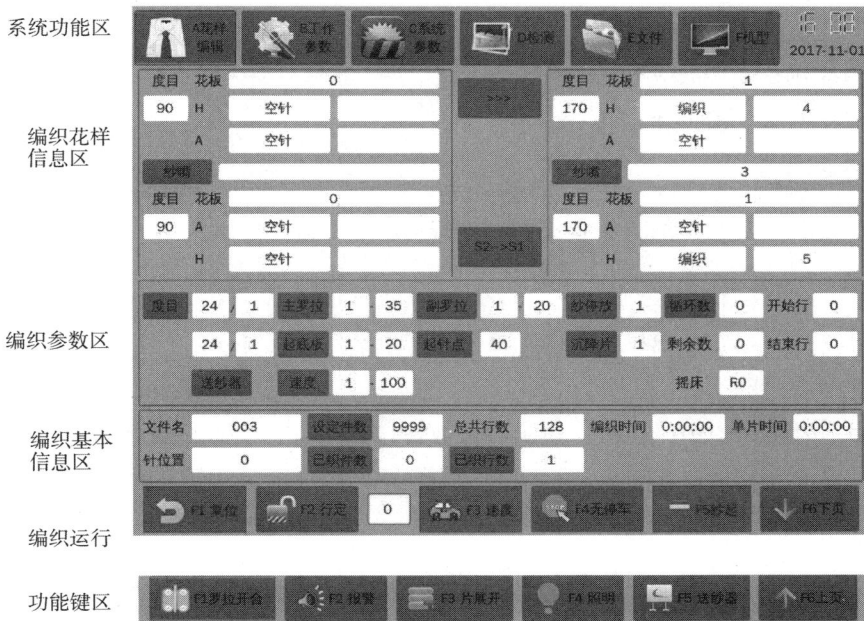

图 5-2-1　系统一运行界面

5. H

显示 H 位信息，左框显示编织信息，右框显示 PAT 中的色码代号（0~F）。

（二）编织参数区

1. 度目

设置当前所使用的度目段数值，并可设置不工作度目值，度目值可设置范围在 0~640。可设置使用中的度目段数颜色变化并能将使用的度目值靠前显示，在工作参数页面设置，工作度目界面和不工作度目界面中有个双边度目按钮，可设置双边度目。

（1）双边度目是指每行的左右两边变化几针进行度目微调，左右两边变化的针数和度目变化的值可以在界面中设置。

（2）序号表示段数，和使用到度目段数一样，用红色序号标示。

（3）F1 横向复制度目变化值或变化针。

（4）F2 纵向复制度目变化值或变化针。

（5）第 24 段默认为机头空行时执行的度目值。

（6）设置鞋面紧度目模式有效时，能解决因双边度目太紧引起的报警。

2. 罗拉

（1）主罗拉：设置当前行主罗拉使用的段数对应的罗拉速度值，并可设置主罗拉停车力矩，正数罗拉闭合，负数罗拉打开，设置值范围在−100~100。

（2）副罗拉：参照主罗拉。

（3）罗拉开合：参照主罗拉。

3. 起底板

设置起底板拉力值，范围在0~100。

4. 速度

设置当前段数的机头运行速度值，设置范围在1~120。

5. 纱嘴停放

纱嘴停下时距离编织区针数，显示纱停放设定组信息，可根据针型自主调节，不同针型距离不一样，一般设置在5~15针。

6. 沉降片

设定当前行使用的沉降片段数信息，在系统参数中设置信克有效后，方可在运行时使用沉降片设置值。

7. 起针点

设置当前花样开始编织时第一针起的位置，如果编织时，起针点有偏差，必须重新设置系统参数中的总脉冲值。

8. 循环数

显示该次循环所需要执行的总数，点击屏幕上"循环数"就可设置，也可以在画版（编辑上机程序）时设置对应功能线。

（三）编织基本信息区

1. 文件名

显示当前运行花样的名称。

2. 针位置

显示当前机头所处的针位置数值，左行时该数值递减，右行时该数值递增，以针零位为起始值，不以针板上第一针为起始。

3. 设定件数

显示当前花样所设定的件数，显示范围在1~99999（件），可点击进入设置，当已织件数=设定件数时，机器将无法运行并提示"件数完成"。

4. 已织件数

显示当前花样累计编织完成的件数，范围在0~99999（件）。

5. 总共行数

显示当前花样总行数。

6. 已织行数

显示当前花样完成的行数，点击屏幕"已织行数"，可跳行。

7. 编织时间

显示上电开机后至当前的总运行时间。

8. 单片时间

显示当前花样上一片所用时间，即编织一片的时间。

二、系统二运行界面

在主界面点击"运行"，进入运行界面，运行界面可对编织过程进行查看和操作，如图 5-2-2 所示。

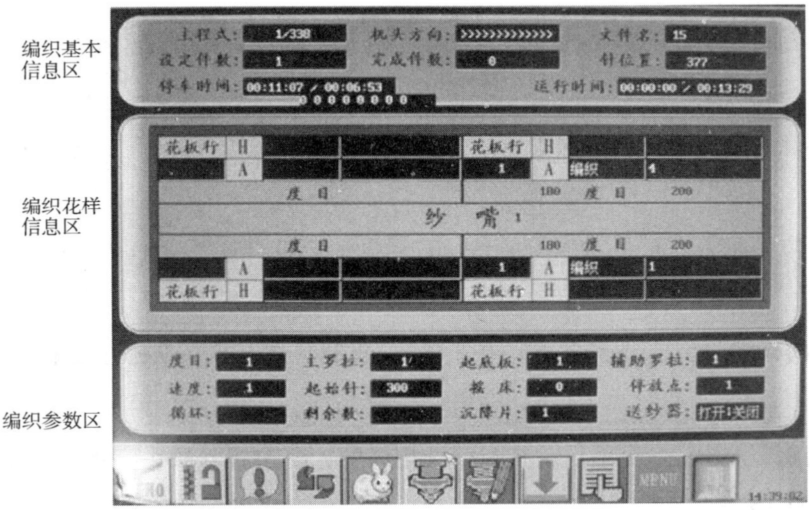

图 5-2-2　系统二运行界面

（一）编织基本信息区

基本信息为文件的相关信息。

1. 主程式

当前编织行/花样总行数。

2. 机头方向

当前编织机头运行方向。

3. 文件名

当前编织操作文件的名称。

4. 设定件数

当前编织花样总共会编织的片数。

5. 完成件数

已经完成编织的花样片数。

6. 针位置

当前机头所在位置。

7. 时间

机器所织的织片的时间/机器运行的总时间。

(二) 编织花样信息区

花样信息是当前编织行的信息。

1. 花板行

当前行花板号（即 PAT 行号），其位置与机头实际位置相对应。

2. A

显示 A 位信息，左框显示编织信息，右框显示 PAT 中的色码代号（0~F）。

3. H

显示 H 位信息，左框显示编织信息，右框显示 PAT 中的色码代号（0~F）。

4. 度目

显示当前行度目值（不包含度目补正值），度目位置与机头实际位置相对应。

5. 纱嘴

显示当前纱嘴号，一个系统最多只带两把纱嘴，其位置与机头实际位置相对应。

(三) 编织参数区

编织参数是花样编织时人为设置的参数。

1. 度目

设置当前所使用的度目段数值。

2. 速度

主罗拉后面的数字为其段数。

3. 摇床

指示摇床操作的位置。

4. 开始行

织片循环开始的行数。

5. 结束行

织片循环结束的行数。

6. 循环数

开始行至结束行的循环的次数。

7. 剩余数

循环所剩余的次数。

8. 起针点

衣片在针板上的起针位置。

三、系统三运行界面

可用触摸笔在主界面时点选进入编织运行界面，可对编织情况进行监控和管理，信息分布如图 5-2-3 所示，编织花样运行前确认编织参数与工作参数。

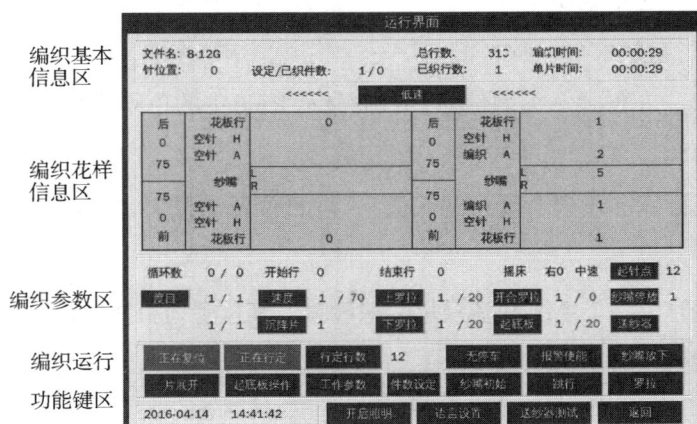

图 5-2-3　系统三运行界面

（一）编织基本信息区

1. 文件名

当前编织花样文件的名称。

2. 总行数

花样编织机头运行行数总行数。

3. 已织行数

当前机头编织运行行数。

4. 针位置

当前机头所在位置。

5. 设定/已织件数

当前编织花样总共会编织的片数/已经完成编织的花样片数。

6. 编织时间

机器运行时间。

7. 单片时间

机器编织上一片所织的织片的时间。

（二）编织花样信息区

1. 花板行

当前行花板号（即 PAT 行号），其位置与机头实际位置相对应。

2. A

显示 A 位信息，左框显示编织信息，右框显示 PAT 中的色码代号（0~F）。

3. H

显示 H 位信息，左框显示编织信息，右框显示 PAT 中的色码代号（0~F）。

4. 度目

显示当前行度目值（不包含度目补正值），度目位置与机头实际位置相对应。

5. 纱嘴

显示当前纱嘴号，一个系统最多只带两把纱嘴，其位置与机头实际位置相对应。

（三）编织参数区

1. 起针点

设置起针点信息，即花样第一行第一针实际位置。单击文本框内数值区，在数字输入框中输入数值，单击确定。所有输入数字类型参数输入范围均在数字输入框上边可看到。

2. 起底板

设置起底板的速度，等同于起底拉力。

3. 度目

设置当前所使用的度目段数值，并可设置不工作度目值，可设置使用中的度目段数颜色变化并能将使用的度目值靠前显示，在工作参数页面设置，工作度目界面和不工作度目界面中有个双边度目按钮，可设置双边度目。

（1）双边度目是指每行的左右两边变化几针进行度目微调，左右两边变化的针数和度目变化的值可以在界面中设置。

（2）序号表示段数，和使用到度目段数一样，用红色序号标示。

（3）第 24 段默认为机头空行时执行的度目值。

4. 速度

设定主电动机速度。

5. 罗拉

（1）上罗拉：设置主罗拉速度，等同于罗拉拉力。

（2）下罗拉：设置副罗拉速度，等同于罗拉拉力。

（3）开合罗拉：设置当前行所使用的开合罗拉段数值。主、副、开合罗拉范围在 -100~100。

6. 纱嘴停放

纱嘴停下时距离编织区针数，显示纱停放设定组信息，可根据针型自主调节，不同针型距离不一样，一般设置 5~15 针。可根据花样文件来设置纱嘴以及纱嘴停放点。设置范围在 1~42。

7. 沉降片

设置运行时信克电动机工作值，必须有信克电动机且参数有效。填取范围在 0~1000。

第三节　下排功能键

运行界面的下面有一排功能键按钮，在编织时可按照流程和需要对机器进行操作，系统一可操作键盘和触屏，系统二可操作键盘，系统三可触屏。

一、系统一下排功能按钮

1. F1~F6 功能图标

（1）每个图标都有各自的功能，按键操作时第一行与第二行 F6 点击可切换。

（2）机头准备执行归零复位动作，拉杆启动或手推机头移至左限位执行归零动作。

2. 复位流程

复位时摇床动作超过 1 针后回到原点，如针板不在原点位置，且前后板均有织物则需脱掉织物一面，并且不能起针。

（1）机头沿原方向以复位速度前进至限位点，如遇到右限位则反向运动到左限位。

（2）机头运动时，如果拉杆停止后再启动，机头将向左移动至左限位。

（3）原地位置选针器刀头、纱嘴电磁铁、三角电磁铁复位。

（4）原地位置度目电动机及信克电动机转至零点。

（5）针床以复位速度移动到原点位置。

（6）复位结束，机器处于编织状态。

3. 罗拉

（1）罗拉开启、闭合功能。

（2）适用力矩电动机、步进电动机罗拉开合设定。

（3）步进罗拉：设定数值越大，打开越大。

（4）力矩罗拉：设定数值越大，打开越小。

（5）主罗拉、副罗拉采用步进电动机罗拉机构控制开合。

4. 行定

（1）循环编织花样的第 1、第 2 行，可在后面的文本框中输入行定的次数。

（2）锁定状态，非锁定状态。

（3）当值行定次数为 0 时，选择行定，直至织物进入罗拉后，需要手动取消行定。

（4）当值行定次数不为 0 时，选择行定，行定完输入的次数后，自动取消行定，包括①花样处于第一行时才能执行该动作；②起底板有效时不能执行该动作；③需停机执行。

5. 报警

（1）系统报警切换：包括有效、无效切换。

（2）系统报警有效无效时状态：①报警无效的对象为天线台断纱、左右送纱、大纱结报警，其余报警仍有效；②报警后，机头停止，用拉杆转向停止位或者单击触摸屏上报警确认窗口后可清除报警信息，再次启动拉杆后可正常编织；③无须停机执行。

6. 速度

（1）机头运行高、低切换。

（2）高速状态，低速状态。①手柄高速的情况下此功能才能有效，否则按手柄低速运行。②低速时以"工作参数"中"主电动机低速上限"设置的速度运行。③高速时以编织参数中"速度"页面按段数设置的速度运行。④高速时最高速度不会超过"工作参数"中"主电动机高速上限"的设置值。⑤无须停车，可以直接切换。⑥速度切换后将在下一行生效执行。

7. 片展开

片展开是指在针板宽度能满足需求的情况下，使用不同纱嘴同时进行编织多个织片的功能。

（1）根据横机总针数、花样宽度、纱嘴多少进行合理数量设置。

（2）当所编织的花样边幅较小，纱嘴使用较少，为提高编织效率在横机上同时多片编织同一花样，如图 5-3-1 所示。

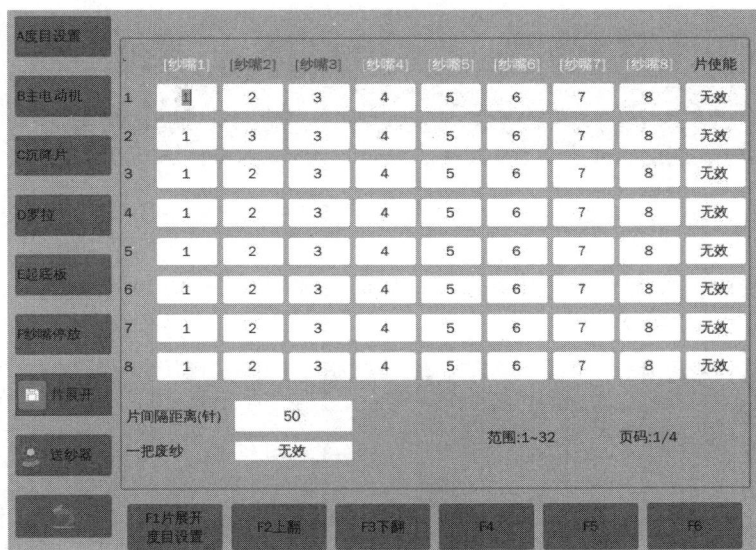

图 5-3-1　片展开

（3）点击可以设置每片使用度目段数的值，如图 5-3-2 所示。

①片展开度目设置功能：针对片展开后每片度目需要单独设置时使用的，一般的直选针机型不需要该功能就不要设置，默认无效。

②片展开度目分片"有效"设置有效时，每片的度目使用这里的参数，运行菜单中的度目不起作用。

③使用方法：片 1 到片 8 按钮，对应的是最多展开的 8 片的度目选择，例如，展开 2 片，先点中片 1 按钮，进行度目设置，然后再点片 2 按钮进行度目设置。

④复制功能使用：复制原片即复制运行菜单中的度目参数；复制前板即复制当前行前

板的度目参数；复制后板即复制当前行后板的度目参数。

图 5-3-2　片展开度目

（4）点击按钮，可出现片展开双边度目界面，如图 5-3-3 所示。

图 5-3-3　片展开双边度目

①片展开双边度目设置功能：设置各个片的变化值和变化针数。

②片展开双边度目设置有效时，每片的度目使用这里的参数，运行菜单中的度目不起作用。

③使用方法：片 1 到片 8 按钮，对应的是最多展开的 8 片的度目选择，例如，展开 2 片，先点中片 1 按钮，进行度目设置，然后再点中片 2 按钮进行度目设置。

④复制功能使用：F1 横向复制即横向复制光标当前行的度目参数；F2 纵向复制即光标所在位置点击纵向复制就会复制光标当前列的参数。

8. 设置单片停车与多个指定行停车

在机器运行过程中，可以根据需要对机器暂停设置。如图 5-3-4 所示，主要步骤如下。

（1）单片停车：只需在按键上按下 F4 或点击屏幕上"F4 单片停车"。每片织完停机报警。

（2）指定行停：在指定行框上输入花样行，再点 F1 插入。如要删除将光标停在需删除的行号上，点 F2 删除。F3 清空是将所有指定行都删除。织完指定行停机报警。

9. 可开启或关闭横机上的日光灯

在机器的卸片位置和置纱板下方机头运行区域有照明日光灯，当外部光线较暗或者晚上工作时，可用于照明。

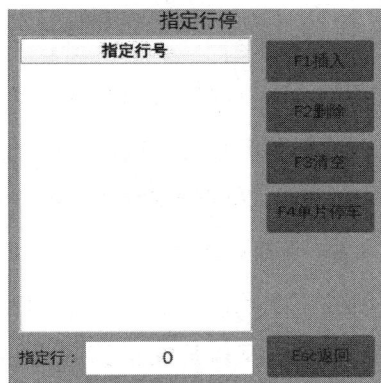

图 5-3-4　停车设置

10. 纱嘴提起、落下切换

（1）纱嘴提起后不能开机运行，需落下后再运行。

（2）需停机执行。

11. 测试左右送纱器运行

测试送纱器是否正常工作，如图 5-3-5 所示。

图 5-3-5　送纱器

二、系统二下排功能按钮

1. 机头归零

F1 是归零键，按下两三秒之后它会显示红色表示已经选择了归零键。选择归零键表示重新开始编织，重新选择一个花样，也会自动变成红色，这时就需要启动操纵杆。具体做法是按下归零键直到变成红色，向外扭动操纵杆，当归零键红色消失变成绿色或者听到嘀声时表示归零完毕。这时机器所有位置都已归到原始位置，可重新编织。

2. F2 行锁定键

编织区域后织物需往下牵拉，罗拉就是牵拉布片的装置。机器设置了"废纱"编织程序，具有自动往下编织的功能，可以发挥编织口与罗拉之间的牵拉作用。废纱程序一般在画板里只画两行，所以就借助 F2 键来达到使废纱连接编织口与罗拉之间的距离的目的。也就是说行锁定键是用来锁定第一、第二转的废纱用的。一般情况下，行锁定必须锁定到主罗拉完全拉到废纱为止。

3. F3 警报

按下关闭与打开直到显示红色，表示机器上所有的警报都处于无效的状态，也就是关闭了所有的报警装置。按下变成绿色，表示机器上的所有警报装置都处于工作状态中。当机器运作时，必须使所有的警报装置都处于工作状态。

4. F4 单片停车键

当按下单片停车选择变成红色，这时机器每做一片就会停下来，等待下一步的指令。做完一片的含义就是机器走完正在编织的花样的全部行数，如果没有选择，键面呈绿色，这时机器编织将会循环进行，直至做到完成件数与设定件数相等时停车。

5. F5 快慢速切换键

其作用是用来变换编织速度的快慢。要快时用兔子，慢时用蜗牛。其中每个速度经过操纵杆也可改变速度。例如，选择兔子时往外转一半是限速度，转到底是高速；选择蜗牛也一样的。

6. 纱嘴释放 F6

F6 纱嘴的取出，当机器运行到针床的中间时如果要取出纱嘴时，可以按下 F6，使纱嘴电磁铁跳起，从而方便取出纱嘴。放回纱嘴后，再按 F6 使电磁铁恢复原状，使其继续带动纱嘴进行编织。选择 F6 以后，F6 呈红色，退出呈白色。选择 F6 时机器不能运作。

7. 跳行

点击此按钮后弹出软键盘输入，用户可以输入所要跳转的行号，机器立即复位，从该行继续编织。

8. 罗拉正反转

使用罗拉正反转卸片。

9. 退出运行画面

点击此按钮，退回到主界面。只有机器停止后才可以退出。

三、系统三下排功能按钮

1. 复位

点击复位后，拉杆操作机器运行复位动作，机头移至针零位，各电磁铁回到复位状态。

2. 行定

循环编织花样的第 1、第 2 行。

3. 停车

设定指定行/单片完成后是否停车。

4. 报警

设定当机器故障时是否报警。

5. 纱嘴放下/提起

当前纱嘴电磁铁提起/放下。

6. 罗拉

弹出罗拉操作菜单，执行罗拉开启与闭合动作。

7. 片展开

弹出片展开设置界面，每片可单独进行开关设置。

8. 起底板操作

跳转至起底板测试界面。

9. 工作参数

弹出工作参数界面，需停机运行。

10. 件数设定

设定编织件数，需停机运行。

11. 纱嘴初始

点击"纱嘴初始"可查看当前编织花样所用的纱嘴和起始位置（红底标示）。

12. 跳行

点击"跳行"，弹出跳行界面，输入行数并确认，花板行将跳至指定行。

13. 开启照明

点击此按键，可切换开启或关闭照明。

14. 不工作度目

设置不工作度目的速度。

15. 送纱器测试

测试送纱器动作，单击左/右送纱器显示区位置，送纱器动作，再次点击，送纱器停止转动。

第四节　主要参数输入

主要参数包括度目、速度和罗拉。度目指度目三角上下运动工位；速度指机头运行速度；罗拉指罗拉转速，罗拉力矩一定，转速越大布片下落越快。

一、度目

控制织片松紧的参数，数值越大，织片越松；数值越小，织片越紧。其输入或更改方法步骤如下。

1. 度目对话框

在运行界面，点击度目按钮，出现设置对话框，如图5-4-1~图5-4-3所示。

图5-4-1　系统一度目设置界面

图 5-4-2　系统二度目设置界面

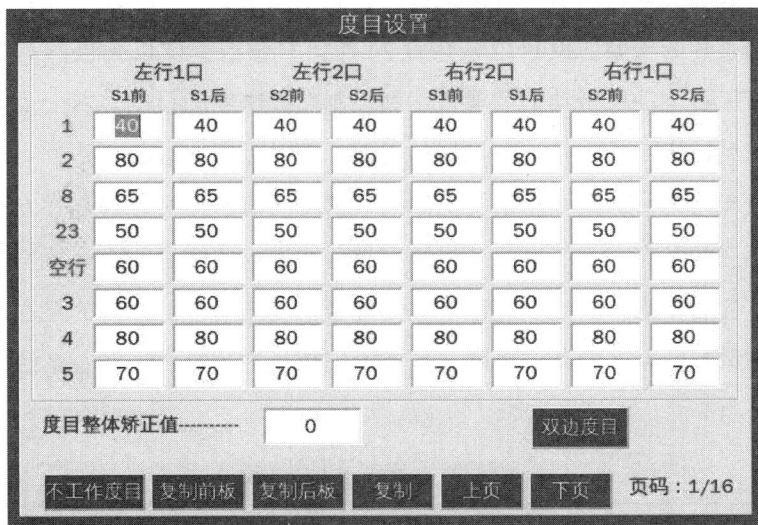

图 5-4-3　系统三度目设置界面

2. 度目设定

在工作度目设置对话框中，依据织片要求，输入相应数字，输入完毕，按"退出"键，完成度目输入。注意度目数字的大小与电脑横机的种类和型号有关，与织片的组织结构有关，与编织的动作有关，与所用的纱线有关，度目太小可能会出现漏针现象，使织片手感太硬；度目太大也可能会出现漏针、浮纱等现象。

（1）点击文本框可显示当前行度目值（不包含度目补正值），度目位置与机头实际运行位置相对应。

（2）序号表示段数，使用到度目段数用红色序号标示。

（3）第24段默认为机头空行时执行的度目值。

（4）点击复制前板时复制前板段数值，点击复制后板时复制后板段数值。

（5）二段度目：100表示二段度目无效，101表示二段度目有效；二段度目有效时，度目在出边幅时动作范围是：在进入下段边幅之前动作的范围为二段度目值。

（6）步骤：单击文本框内数值区，在数字输入框中输入数值，单击确定。

（7）度目整体矫正值：此参数调整所有段数的度目值。

3. 影响度目设定的因素

影响度目设定的主要因素为：织片的密度是织片的松紧度，一个织片里有不同的编织形式，如罗纹编织、废纱编织、大身组织编织，其中每种编织都有不同的密度要求。比如，罗纹编织时起底要紧，最后一行接大身时要放松便于翻针。所以就通过设定不同的段里的密度来控制布片的松紧。度目组一共有24段，每一段都由机头里的八个度目三角组成。度目三角由度目电动机带动上下滑行达到控制布片密度的目的。八个度目三角在机头的左右系统的前后针床上排列，站在机器的正面，面对机器左边是左边，右边是右边，后针床左边往右数起排第一的是在左系统里的一号密度三角，排第二的是在左系统里的二号密度三角，排第三的是在右系统里的三号密度三角，排第四的是在右系统里的四号密度三角。前针床由左往右排第一的是在左系统里的五号密度三角，排第二的是在左系统里的六号密度三角，排第三的是在右系统里的七号密度三角，排第四的是在右系统里的八号密度三角，见表5-4-1。

表5-4-1　度目三角对应关系

左系统		右系统	
1. 后针床	2. 后针床	3. 后针床	4. 后针床
5. 前针床	6. 前针床	7. 前针床	8. 前针床

机器编织时，左右两个系统都只有在前进方向后边的两个三角工作，比如往右行时左系统只有一号密度三角和五号密度三角在工作，右系统里只有三号密度三角和七号密度三角在工作，其余为不工作。往左行时左系统是二号密度三角和六号密度三角在工作，右系统是四号密度三角和八号密度三角在工作，其余为不工作。具体对应度目组里八个电动机

分别为右行后一是一号密度三角，右行后二是三号密度三角，右行前一是五号密度三角，右行前二是七号密度三角，左行后一是二号密度三角，左行后二是四号密度三角，左行前一是六号密度三角，左行前二是八号密度三角，见表5-4-2。

表5-4-2　度目三角运行状态

右行			
左系统		右系统	
1. 后一　后针床	2. 后针床	3. 后二　后针床	4. 后针床
5. 前一　前针床	6. 前针床	7. 前二　前针床	8. 前针床

左行			
左系统		右系统	
1. 后针床	2. 后一　后针床	3. 后针床	4. 后二　后针床
5. 前针床	6. 前一　前针床	7. 前针床	8. 前二　前针床

二、速度

控制机头运动快慢的参数，数值越大，机头运动越快；数值越小，机头运动越慢；速度最大值为120cm/s，即1s内机头运动120cm。其输入或更改方法步骤如下。

在运行界面，点击速度按钮，出现速度组设定对话框，如图5-4-4~图5-4-6所示。

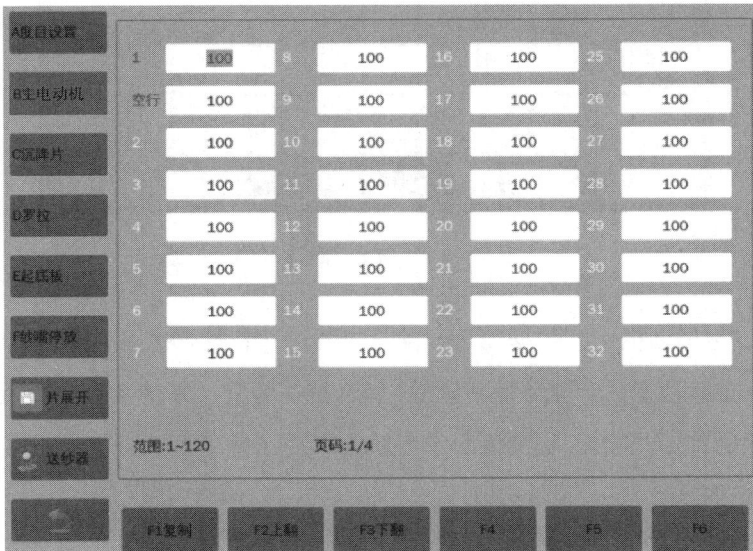

图5-4-4　系统一速度界面

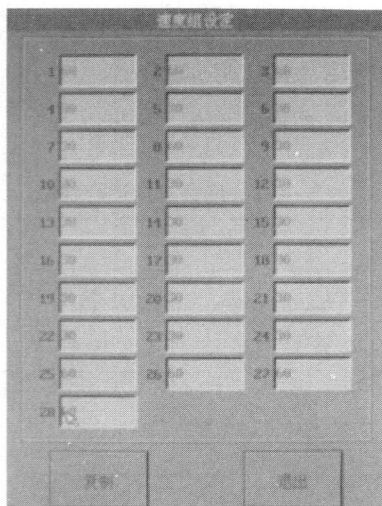

图 5-4-5　系统二速度界面

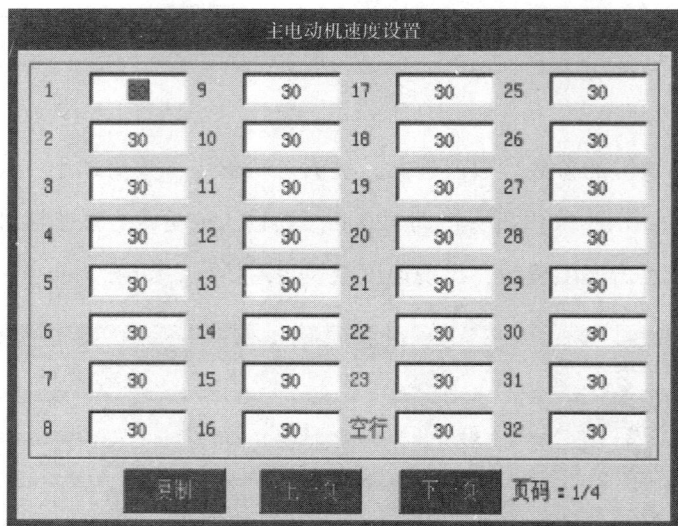

图 5-4-6　系统三速度界面

在速度组设定对话框中，依据织片要求与机器运行特性输入相应数字，输入完毕，按"退出"键，完成速度输入。正常编织时速度 80cm/s 为宜，具体大小与横机的运行性能有关，与织片的组织结构有关，与横机的编织动作有关，速度太快，容易出现漏针现象，速度太慢又影响经济效益。

（1）序号表示段数，使用到速度段数用红色序号标示。

（2）复制时所有段数全部复制。

（3）第 24 段默认为机头空行时执行的速度值。

（4）步骤：单击文本框内数值区，在数字输入框中输入数值，单击确定。

三、主罗拉

罗拉对织片施加一个向下拉力的装置。机器在编织时，控制机器拉力大小的参数数值越大，拉力越大；数值越小，拉力越小。其输入或更改方法步骤如下。

（一）主罗拉设置

在运行界面，点击主罗拉按钮，出现主罗拉设置对话框，如图 5-4-7～图 5-4-9 所示。

图 5-4-7 系统一罗拉界面

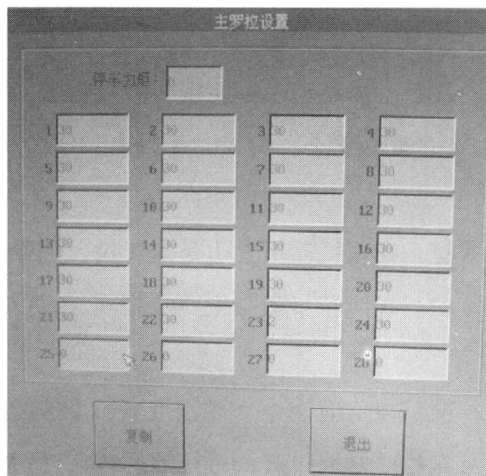

图 5-4-8 系统二罗拉界面

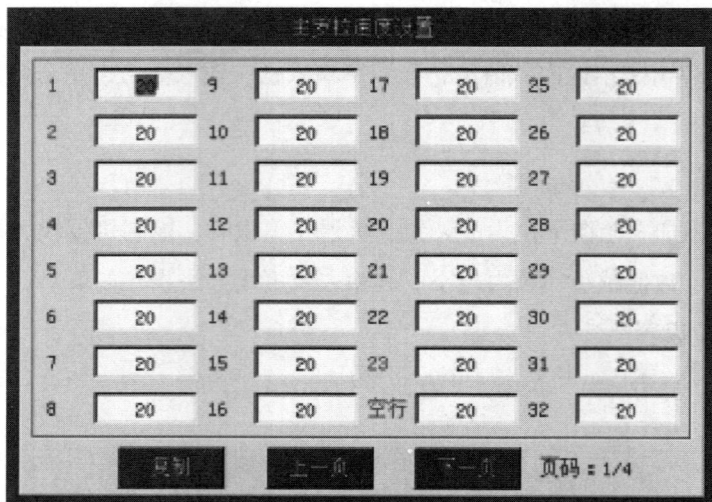

图 5-4-9　系统三罗拉界面

1. 基本设置

在对话框中，依据织片要求，输入相应数字，输入完毕，按"退出"键，完成主罗拉输入。主罗拉数字的大小与电脑横机的种类和型号有关，与织片的组织结构有关，主罗拉速度太大，可能会出现漏针，甚至烂片；主罗拉速度太小也可能出现漏针，甚至会出现浮纱。

（1）序号表示段数，使用到罗拉段数用红色序号标示。

（2）复制时为所有段数全部复制。

（3）第 24 段默认为机头空行时执行的速度值。

（4）步骤：单击文本框内数值区，在数字输入框中输入数值，单击确定。

2. 主罗拉张力设定

在一个织片里有不同的段数，需采用不同密度，也需要采用不同的拉力牵引，罗拉组有 24 段供选择。通常在翻针时拉力要小，编织时可以大一点。

3. 副罗拉调整

罗拉包括主罗拉、副罗拉。在新机器里上边是主罗拉，辅助罗拉是帮助主罗拉将布片拉得更加匀称、整齐而设定的。其调整步骤与主罗拉相同。

（二）度目的配合

为满足织物自动向下，度目数值应该小（即密度紧）一点，一般放在第 1 段，即罗拉拉力大一点。为方便废纱与衣片更好地脱离，更好地拆线，度目数值可以大一点。起底时为保证起底织物与罗纹等协调，度目要紧一点。起底跟罗纹空转做出的密度应该与罗纹编织的密度一样。起底时罗拉拉力要调小一点，但为防止拉坏布片，罗纹编织时根据工艺要求调整其度目数值，罗拉速度可以快一点。罗纹编织最后一转应该将度目数值加大使密度放松，使其度目数值与大身接近，方便接大身时翻针。为预防出现漏针，翻针时罗拉拉力应该放到最小，度目数值应该放大，或者跟大身度目数值相平。大身必须符合工艺的要求，在试片时可以考虑放松一点，即度目数值放大一点，完整编织再将其调整到符合工艺的要求。

（三）罗纹起底设置

罗纹起底要在度目三角工作时关闭其中的一个使其在零位工作（即将控制该电动机的数字值调到最小）进行，这样就能让起底达到最紧的状态。关闭度目三角时，要判定哪两个三角在罗纹起底时工作，判定往哪个方向运行就可以知道是哪两个度目三角在工作，比如起底时是右系统工作往左行起底，那么就是 4 号和 8 号度目电动机在工作，以此类推找到要工作的度目电动机，找到要工作的度目电动机后接着找到是前床下片还是后床下片，因为起底时总是要下掉一边的纱，要弄清下前床或下后床只要看起底的时候前后床哪个没有挂线圈，前床没挂线圈则表示前床落布，后床没挂线圈则表示后床落布，这时只要关闭落布那一边的电动机即可，比如上述起底时右系统工作往左行，首先找到工作电动机 4 号和 8 号，4 号控制后床，8 号控制前床，如果前床下片就关闭 8 号，如果后床下片就关闭 4 号，起底起好后紧接着会有几转罗纹空转，罗纹空转也要紧一点，要使做出的空转密度与罗纹的密度匀称。

第五节　纱嘴

电脑横机常见机型共有 16 把纱嘴，以其在天杆上的初始位置不同，分为左纱嘴和右纱嘴，初始位置在天杆左边的为左纱嘴，初始位置在天杆右边的为右纱嘴，左右各有 8 把纱嘴。8 把纱嘴以其与操作者的远近不同进行区分，与操作者最近的称为 1 号纱嘴，第二近的称为 2 号纱嘴，第三近的称为 3 号纱嘴，以此类推，分别是 4 号、5 号、6 号、7 号、8 号纱嘴。

一、纱嘴的查找

一个工作花型文件中，使用了哪几个纱嘴，查看的方法是：在运行界面中，点击"纱嘴"按钮，弹出纱嘴初始位置窗口，如图 5-5-1~图 5-5-3 所示。

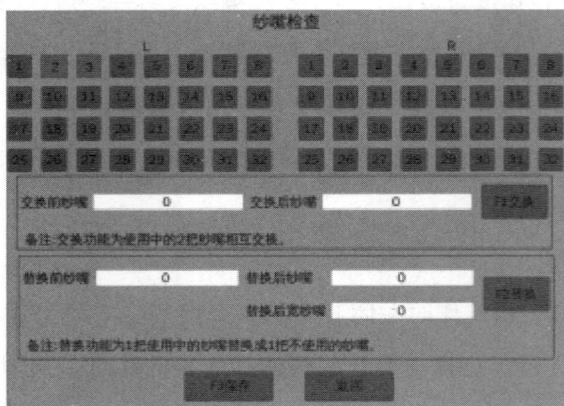

图 5-5-1　系统一纱嘴界面

1. 标红的纱嘴

表示当前花样使用的纱嘴，如图 5-5-1 所示，即表示用到左边 2 号和 3 号纱嘴。

2. 窗口中的数字

表示该花样文件要使用的纱嘴，如图 5-5-2 所示，即表示该花样中要用到左边的 1 号纱嘴、3 号纱嘴、5 号纱嘴。

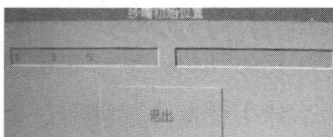

图 5-5-2　系统二纱嘴界面

3. 设置初始纱嘴

标红的纱嘴表示当前花样使用的纱嘴，点击"纱嘴初始"，将弹出如图 5-5-3 所示的界面，即表示用到左边 1 号纱嘴和 3 号纱嘴。

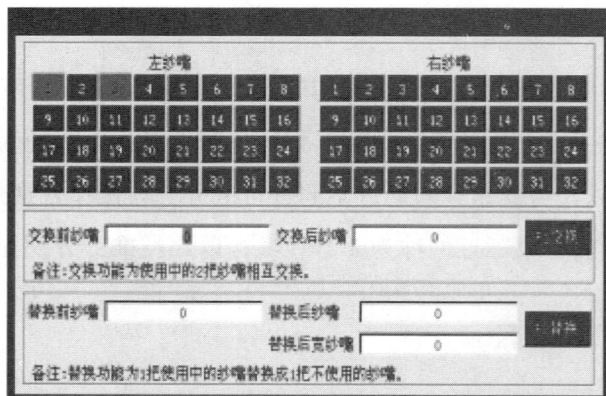

图 5-5-3　系统三纱嘴界面

4. 按退出键

回到运行界面。

二、纱嘴的更换

当花样文件的纱嘴设置与横机上已穿好纱线的纱嘴不一时，例如，花样文件的纱嘴是左 3 号，而横机上已穿好纱线的纱嘴是左 7 号，解决方法有以下两种。

1. 方法一

把横机上左 3 号纱嘴重新穿好纱线。

2. 方法二

用横机上的左 7 号纱嘴置换花样文件的左 3 号纱嘴。

（1）交换前纱嘴填 3，交换后纱嘴填 7，点击"F1 交换"按钮。

（2）替换前纱嘴填 3，替换后纱嘴填 7，点击"F2 替换"按钮。

点击运行界面"纱嘴"行内左边空白处，会弹出纱嘴替换窗口，如图 5-5-4 所示。

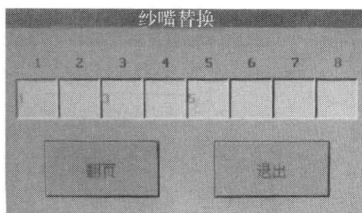

图 5-5-4 纱嘴替换

如果想把左 3 号纱嘴用左 7 号纱嘴去替换，则点击第三个框，框内的内容会在 1~8 之间循环显示，此时需要点击到 7 的时候停止后退出。不能用正在使用中的纱嘴去替换，否则退出时系统会提示"纱嘴替换错误"。系统三纱嘴点击 F1 交换、F2 替换可进行纱嘴的交/替换。

三、纱嘴停放点的设置

纱嘴停放点的设置在于调节纱嘴每行停止编织时，停在织片边缘的距离，用数字来表示针数，数值越大，表示离编织物越远；数值越小，表示离编织物越近。

方法是：在运行界面，点击"纱停放"按钮，弹出纱嘴停放点对话框，如图 5-5-5~图 5-5-7所示。

图 5-5-5　系统一纱嘴停放点界面

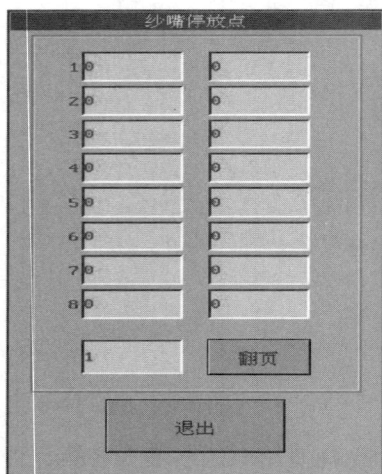

图 5-5-6　系统二纱嘴停放点界面

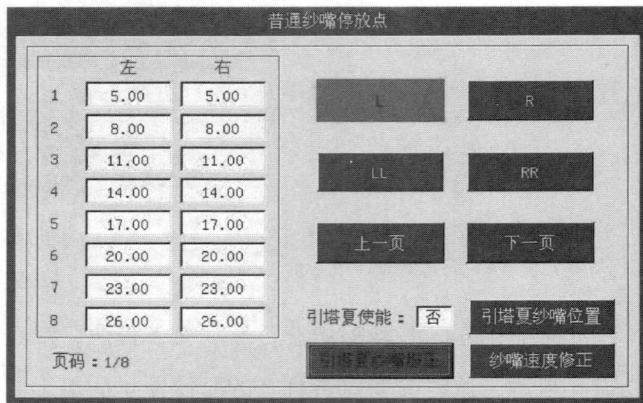

图 5-5-7　系统三纱嘴停放点界面

在该框里每个纱嘴排列号的后面都有两个方框，左边是控制纱嘴在编织物左边的距离，右边是控制纱嘴在编织物右边的距离。输入完毕，按退出键完成设置。此处输入的数字是针数，如左侧输入"9"，表示横机停止编织时，机头如停在左边，它的纱嘴与正在编织的织片相隔9个针距。

几个关键环节：①序号为纱嘴号码；②文本框内的数值为停放；③点击"引塔夏纱嘴位置"，可切换至引塔夏纱嘴位置设置界面；④点击"引塔夏纱嘴修正"，可根据实际情况对引塔夏纱嘴停放位置进行修正；⑤点击"纱嘴速度修正"，可对纱嘴速度进行修正。

四、循环（节约）设定

在编织花样时遇到同样的花型循环多次，可以找到最小循环按照编织需要进行次数设置。

1. 循环设定

在系统一中，循环即节约功能，如图5-5-8所示。设定要求如下。

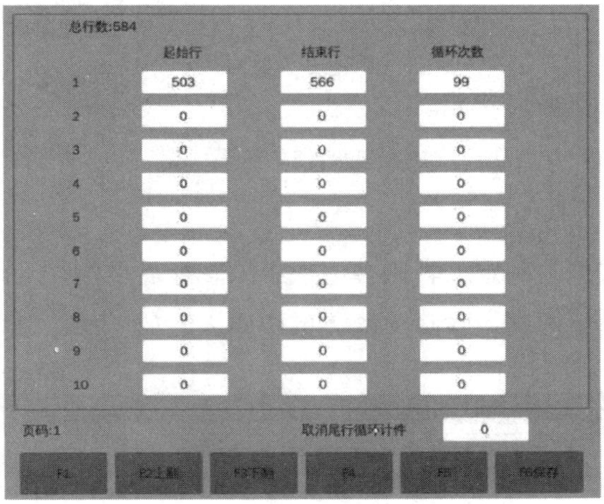

图5-5-8　系统一循环设定界面

（1）起始行为奇数，结束行为偶数，这样才能保证机头运行回到原位置。

（2）结束行数值要大于起始行数值，且都在总行数以内，循环次数不作具体要求。

（3）按序号轮流执行循环功能。

（4）循环次数设置为0后，表示取消该行循环设置。

（5）循环设置后需点击保存，否则掉电或者换花样后取消循环设置。

2. 增加循环

如要增加一个循环可以按以下方式设置，系统二循环设定界面如图5-5-9所示。

（1）在最下面一行输入框里分别输入合法的开始行结束行循环次数值。

（2）然后点击"增加"按钮，如果输入的循环合法，则新增加的条目会显示在上面的循环表中。

（3）删除时，点击待删除行的任何一个输入框，右边的箭头会指向本行，然后按下方的"删除"按钮即可删除本行。

（4）"次数"列的值可以直接修改。

（5）系统支持2重循环嵌套，循环层次大于2的系统将提示错误。

3. 系统三设置循环

打开节约菜单，如图5-5-10所示。基本的设置点如下。

（1）开始行为奇数行，结束行为偶数行且必须大于起始行。

（2）无循环嵌套功能。

（3）按序号轮流执行循环功能。

（4）循环次数设置为0后，表示取消该行循环设置。

（5）循环设置后需点击确定，否则掉电或者换花样后取消循环设置。

（6）单击文本框内数值区，在数字输入框中输入数值，单击确定。

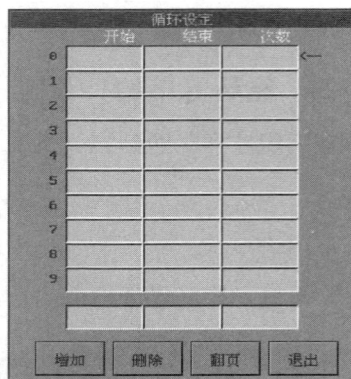

图5-5-9 系统二循环设定界面

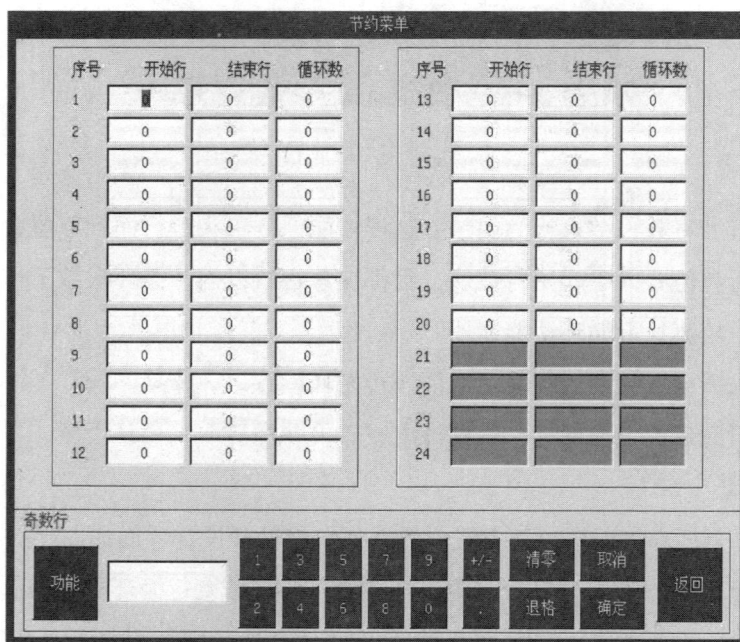

图5-5-10 系统三循环设定界面

第六章 参数系统设定

工艺文件管理包括基础文件管理和工作参数设定两个环节。基础文件管理的程序与方法必须根据不同机器的机型和结构进行，其程序预先都是设定的。工作参数设定方法必须根据机器的机型和程序规定，结合实际织物生产工艺进行设定。

系统一以睿能操作系统 F4000 为例，系统二以恒强操作系统为例，系统三以龙星电脑横机操作系统（睿能 F4000 专用版）为例。

第一节 基础文件管理

基础文件管理是指对花样文件进行包括输入、输出、删除、选定工作花样和花样参数等操作。系统一和系统三可在文件管理中管理文件、设置编织计划，管理网络文件和查看机器生产资讯。系统二可在文件管理中管理文件以及管理相关参数。

一、系统一文件管理功能

（一）文件

单击主界面的"文件"按钮后，进入文件管理界面，如图 6-1-1 所示。支持 U 盘文件夹功能，"上级"——进入当前文件上一级文件夹，"下级"——进入当前文件夹，花样文件类型为 001/CNT 文件。

1. F1 选择花样

只能选择内存中的花样。

图 6-1-1 文件管理

2. F2 花样导出

将内存中的花样导入到 U 盘花样中。

3. F3 花样导入

将 U 盘中的花样导入到内存花样中。

4. F5 删除花样

可删除内存中的任意花样。

5. F6 总清内存

将清空内存中的所有花样。

（二）编织计划

1. 编织计划

如图 6-1-2 所示，左列为内存花样列表，右列为参与编织计划的花样列表。

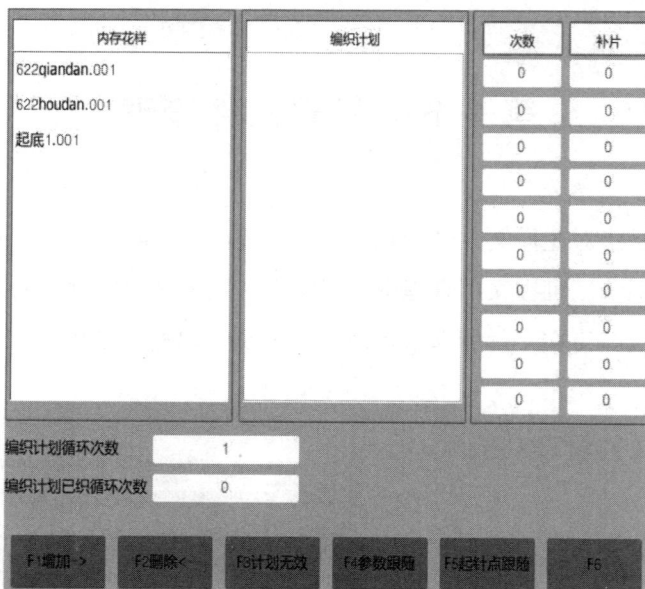

图 6-1-2　编织计划

2. 编织次数

计划花样列表中"次数"为该行花样在每次循环计划编织时所编织的次数。

3. 补片次数

计划花样列表中"补片"可改变该行花样的编织次数，实际次数为"次数"+"补片"，补片只执行一次，未参与计划编织的循环。

4. 循环次数

（1）编织计划循环次数：当前编织计划总共循环的次数。

（2）编织计划已织循环次数：当前编织计划循环已经执行的次数。

5. 计划完成

当编织计划循环次数＝编织计划已织循环次数时，运行界面报警"编织计划已经完成"，取消报警需取消编织计划或重新设置各循环次数。

6. 编织参数跟随

设置在循环编织时编织参数是否跟随上一片。

7. 按键

（1）F1 增加：选择内存花样后，将内存花样移到编织计划中。

（2）F2 删除：选择编织计划中的花样，将编织计划花样移到内存花样中。

（3）F3 计划无效：选择编织计划是否有效。

（4）F4 参数跟随：花样中的编织参数是否跟随编织。

（5）F5 起针点跟随：编织计划中的所有花样是否设同一个起针点。

（三）参数管理

对机器的系统参数进行管理，如图 6-1-3 所示，将机器中的各种参数与 U 盘导入、导出。

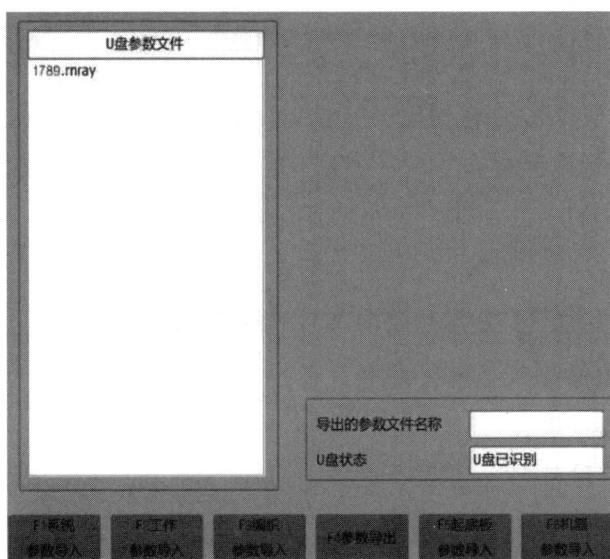

图 6-1-3　参数管理

145

(四) 生产资讯

对机器报警信息进行监控，随时观察机器运行状态。

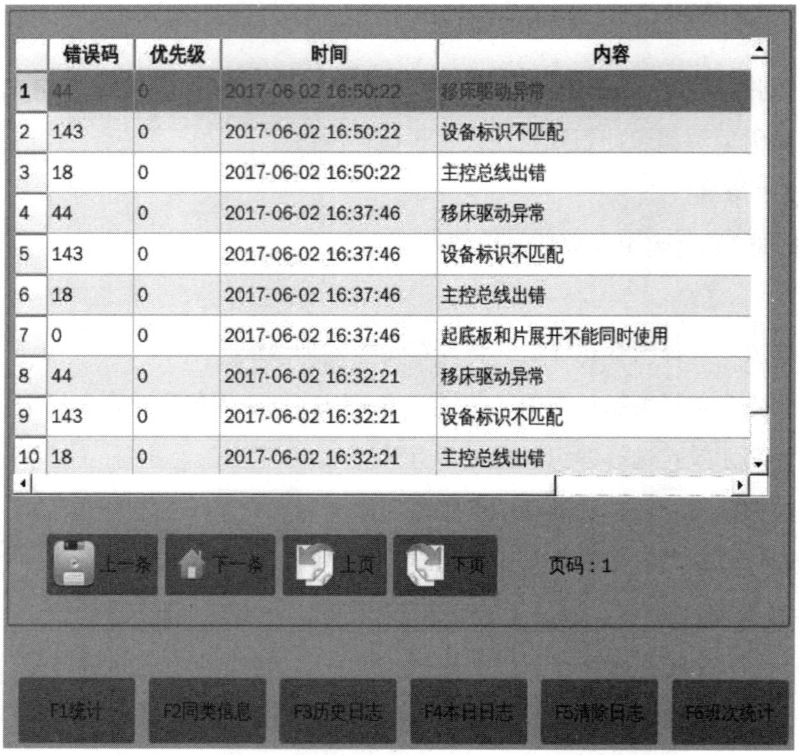

	错误码	优先级	时间	内容
1	44	0	2017-06-02 16:50:22	移床驱动异常
2	143	0	2017-06-02 16:50:22	设备标识不匹配
3	18	0	2017-06-02 16:50:22	主控总线出错
4	44	0	2017-06-02 16:37:46	移床驱动异常
5	143	0	2017-06-02 16:37:46	设备标识不匹配
6	18	0	2017-06-02 16:37:46	主控总线出错
7	0	0	2017-06-02 16:37:46	起底板和片展开不能同时使用
8	44	0	2017-06-02 16:32:21	移床驱动异常
9	143	0	2017-06-02 16:32:21	设备标识不匹配
10	18	0	2017-06-02 16:32:21	主控总线出错

上一条　下一条　上页　下页　页码：1

F1统计　F2同类信息　F3历史日志　F4本日日志　F5清除日志　F6班次统计

图 6-1-4　生产资讯

用于查生产时，查看所有的报警，并分类显示，如图 6-1-4 所示。

（1）单击记录显示位置或单击"上一条""下一条"选择记录，红色表示选择。

（2）单击"上一页""下一页"选择翻页查询。

（3）单击"F1 统计"，按当前条信息类型进行统计。

（4）单击"F2 同类信息"，显示当前条类型相同的详细信息。

（5）单击"F3 历史日志"，显示所有日志。

（6）单击"F4 本日日志"，显示本日日志。

（7）单击"F5 清除日志"，清除所有日志。

(五) 参数复制

对相同花型组织花样文件的编织参数进行互相复制的操作，可以对花样文件的编织参数进行管理，如图 6-1-5 所示。

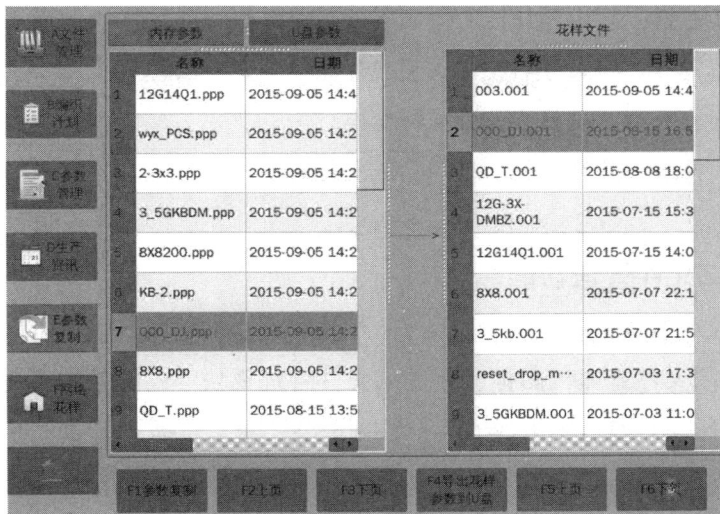

图 6-1-5 参数复制

（1）用于内存中两个花样参数的复制，左边为带有参数的花样，右边为需要复制参数的花样，两边都选择好后，点"F1 参数复制"。

（2）可复制 U 盘花样参数到内存花样。

（4）点击"F4 导出花样参数到 U 盘"将内存中的花样参数导出到 U 盘。

（六）网络花样

电脑横机连接网络时，可在横机上操作服务器上的花样文件。如图 6-1-6 所示，左边显示的是内存中的花样，右边为服务器上传的花样（当横机联网时才能用）。

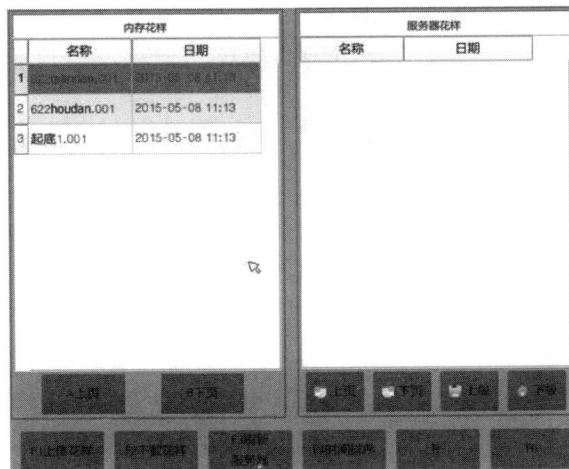

图 6-1-6 网络花样

（1）F1 上传花样：将内存花样上传到服务器花样中。

（2）F2 下载花样：将服务器花样移到内存花样中。

（3）F3 刷新服务器：刷新当前服务器花样。

（4）F4 时间排序：按系统显示时间，依次排列。

二、系统二文件管理功能

（一）进入文件管理模块

单击主界面"文件管理"图标，则进入文件管理模块。此时系统会先检查 U 盘有没有插入。如没有插入 U 盘，则出现提示，如图 6-1-7 所示。插入 U 盘则呈现图 6-1-8 所示界面。

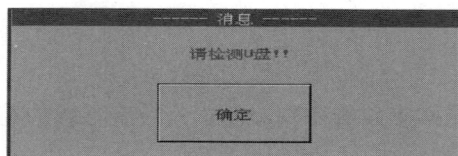

图 6-1-7　U 盘提示

图 6-1-8　文件管理

左边文件列表框显示的是 U 盘内容，右边显示的是电脑横机内 CF 卡的内容。此时文件列表框可以显示花样文件，而自动过滤掉其他类型的文件。花样文件只显示花样的名称，而不显示文件的后缀，构成一个完整花样的几个文件只显示一个花样名称。每个列表框中的当前焦点条目，其名称显示为红色。

（二）花样文件输入

点击两个文件列表框中间的"＞＞＞＞＞＞＞＞＞"按钮，则将左边 U 盘红色显示的文件复制到右边的 CF 卡列表框中。

如果此操作是覆盖当前工作花样，则出现图 6-1-9 所示界面，需要用户进行确认。

如果选择"确认"则覆盖当前工作花样，系统在进入运行状态后可以按照新输入的花样编织，机器需要复位。注意：进行此操作时需要小心。

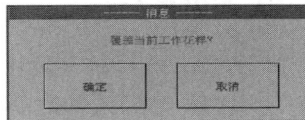

图 6-1-9　覆盖花样

（三）花样文件输出

点击两个文件列表框中间的"＜＜＜＜＜＜＜＜＜"按钮，则将右边 CF 卡红色显示的文件复制到左边的 U 盘列表框中。

（四）删除 U 盘花样文件

点击两个文件列表框中间的"＜-删除"按钮，则将左边 U 盘文件列表框中红色显示的花样文件删除掉。

（五）删除 CF 卡花样文件

点击两个文件列表框中间的"删除->"按钮，则将右边 CF 卡文件列表框中红色显示的花样文件删除掉，不允许删除当前工作花样。

（六）检查 U 盘

U 盘如果重新插拔过，则点击两个文件列表框中间的"USB 检查"按钮，如果 U 盘插入正常，则提示"U 盘检测正常"，并刷新左边的 U 盘文件列表框，否则提示"U 盘检查错误"。

（七）选定工作花样

选定一 CF 卡上存储的花样作为当前工作花样，只需点击"选定花样"按钮。如果新选择的工作花样没有自带花样参数，则使用上一花样的参数。

（八）参数复制

每个花样带有自己的参数，包括起始针、工作度目、速度组、罗拉、纱嘴替换、停车力矩等信息。这组参数可以从一个花样复制到另外一个花样。操作方法：点击"参数复制"按钮，此时如果右边 CF 卡文件列表框中的红色焦点条目为花样文件 A，则此花样的上述参数会被系统保存，此时按钮会显示在凹下状态。在此状态下，点击右边 CF 卡文件列表框中的花样文件 B，则刚才保存的花样文件 A 的参数被复制到花样文件 B 中。

（九）参数导出

如果把花样的参数保存到 U 盘，先将 U 盘插好，然后在右边 CF 卡文件列表框选中要保存参数的花样，点击"参数导出"按钮，则此花样的参数被复制到 U 盘。

（十）参数导入

可以将保存在 U 盘上的花样参数导出到某一花样。先将 U 盘插入，然后在右边 CF 卡文件列表框选中要导入参数的花样，点击"参数导入"按钮，则保存的参数被导入到选中的花样。

（十一）退出

退出文件管理模块返回主界面。

三、系统三文件管理功能

（一）文件管理

点击主界面的"文件管理"按钮后，进入文件管理界面。支持文件夹功能，花样文件类型为 001/CNT 文件，如图 6-1-10 所示。

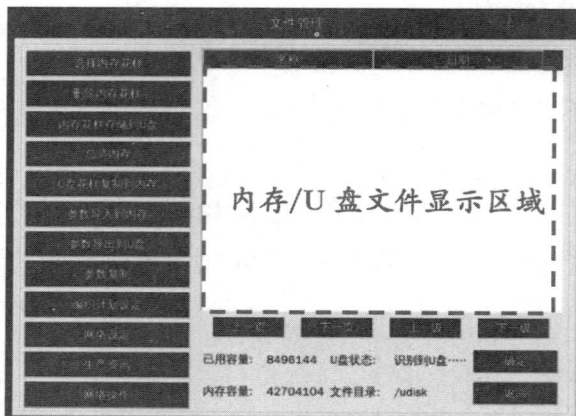

图 6-1-10　文件管理

（1）上一页：点击"上一页"，光标移至上一条文件。

（2）下一页：点击"下一页"，光标移至下一条文件。

（3）上一级：点击"上一级"，返回上级目录直到根目录。

（4）下一级：点击"下一级"，进入光标所在文件夹，如果无下级则无动作。

（5）U 盘状态：显示 U 盘的识别情况。

（6）文件目录：显示当前 U 盘中光标所在文件存储路径。

（7）内存容量/已用容量：显示当前内存中存储情况。

（8）花样宽度/花样高度：显示内存列表中光标所处文件花样宽度、高度信息。

（9）内存花样存储到 U 盘：点击"内存花样存储到 U 盘"，将使内存中选中花样及其对应的编织参数导出到 U 盘中。

（10）U 盘花样复制到内存：点击"U 盘花样复制到内存"，将 U 盘中选中花样导入到内存中，如选择的花样编织过，将询问是否导入编织参数。

（11）参数导入到内存：点击"参数导入到内存"，勾选需要导入的参数后，点击确定完成导入，导入的参数可以从主界面进入各参数菜单查看。

（12）参数导出到 U 盘：点击"参数导出到 U 盘"，将弹出建立文件名的窗口，输入文件名确认后，将工作参数保存到 U 盘。

（13）选择内存花样：点击"选择内存花样"后，花样则被激活并可用于编织。

（14）删除内存花样：点击"删除内存花样"，将弹出密码提示窗口，点击确定后将删除花样。

（15）总清内存：点击"总清内存"，将弹出密码提示窗口，输入正确密码后可将内存中所有花样全部删除。

（16）参数复制：点击"参数复制"后，进入参数复制界面，可对花样参数进行相互复制。

（17）返回：点击"返回"，可返回至主界面。

（二）编织计划

点击"编织计划设定"，将弹出"编织计划"界面，可设置多种花样连续编织，如图 6-1-11 所示。

（1）左列为内存花样列表，右列为参与编织计划的花样列表。

（2）计划花样列表中"次数"为该行花样在每次循环计划编织时所编织的次数。

（3）计划花样列表中"补片"可改变该行花样的编织次数，实际次数为"次数"+"补片"，补片只执行一次，未参与计划编织的循环。

（4）总循环次数：当前编织计划总共循环的次数。

（5）当前循环次数：当前编织计划循环已经执行的次数。

（6）当总循环次数=当前循环次数时，运行界面报警"编织计划已经完成"，取消报警需取消编织计划或重新设置各循环次数。

（7）参数是否导入：设置在执行计划中花样时，是否导入该花样的编织参数。

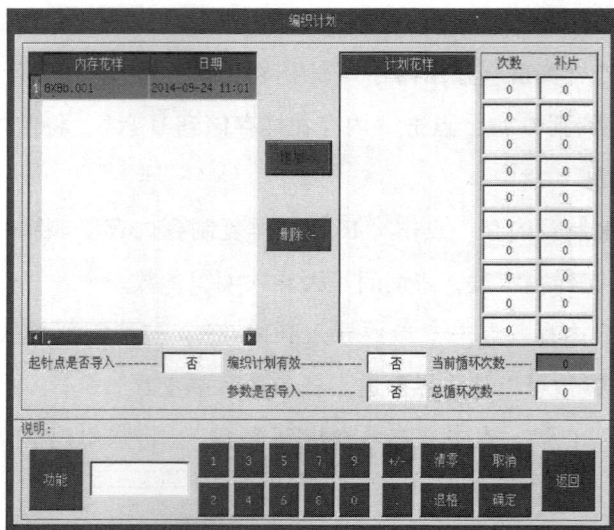

图 6-1-11　编织计划

（8）设定该编织计划有效使能，"1"表示有效，"0"表示无效。

（9）循环一次即"编织计划"列表中所有花样按次数（含补片次数）编织一遍。

（三）网络设定

点击"网络设定"，将弹出如图 6-1-12 所示输入框，点击文本输入框，填写数值，保存后即可完成网络的设定。

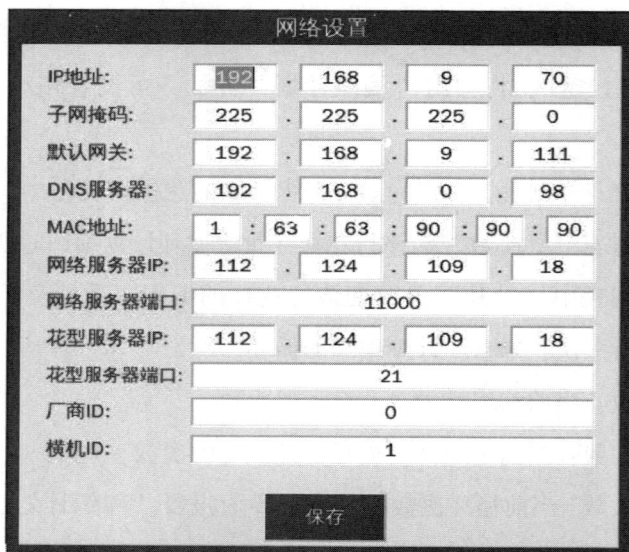

图 6-1-12　网络设置

（四）生产资讯

点击"生产资讯"，将弹出如图 6-1-13 所示界面。

图 6-1-13 生产资讯

（1）单击记录显示位置，选择记录，灰色表示选择。

（2）单击"上一页""下一页"选择翻页查询。

（3）单击"统计信息"，按当前条信息类型进行统计。

（4）单击"同类信息"，显示当前条类型相同的详细信息。

（5）单击"历史日志"，显示所有日志。

（6）单击"本日信息"，显示本日日志。

（7）单击"清除日志"，清除所有日志。

（五）网络操作

点击"网络操作"，将弹出如图 6-1-14 所示输入框。

（1）单击记录显示位置，选择记录，灰色表示选择。

（2）单击"上页""下页"选择翻页查询。

（3）单击"上级""下级"，文件夹进入退出操作。

（4）单击"上传"，将当前选择花样上传到服务器。

（5）单击"下载"，将当前选择花样下载到机器。

（6）单击"刷新服务器"，刷新服务器的花样文件显示。

（7）单击"时间排序"，按时间顺序排列花样（默认按名字顺序）。

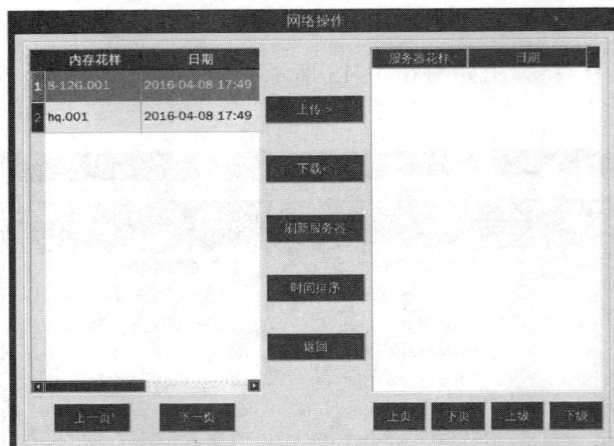

图 6-1-14　网络操作

（8）单击"返回"，退出当前界面。

（六）参数复制

点击"参数复制"，将弹出如图 6-1-15 所示输入框。

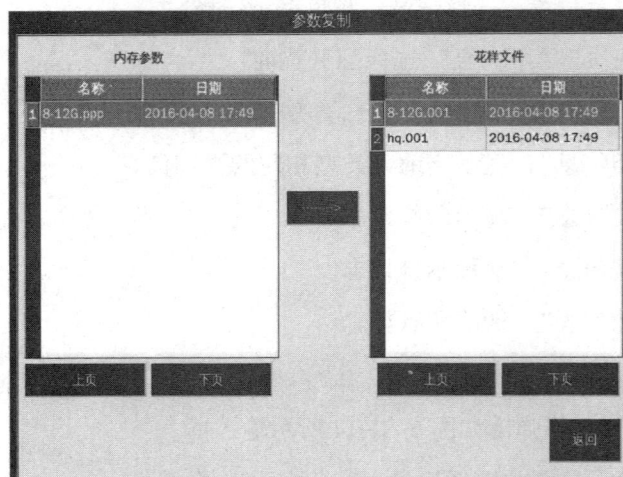

图 6-1-15　参数复制

（1）单击记录显示位置，选择记录，灰色表示选择。

（2）单击"上页""下页"选择翻页查询。

（3）单击"------>"，将左边目录所选择的参数文件，复制到右边所选择的花样中。

（4）单击"返回"，退出当前界面。

第二节　工作参数设定

工作参数指机器的参数，区别于编织参数，编织参数偏重于花样本身和编织花样时的状态，工作参数偏重于机器的功能和限制，工作参数可根据生产产品种类进行调整。三个系统的工作参数设置因其数值范围和单位不同，其设置方法各不相同。

一、系统一工作参数设定

（一）工作参数

系统一工作参数设定界面如图6-2-1所示。

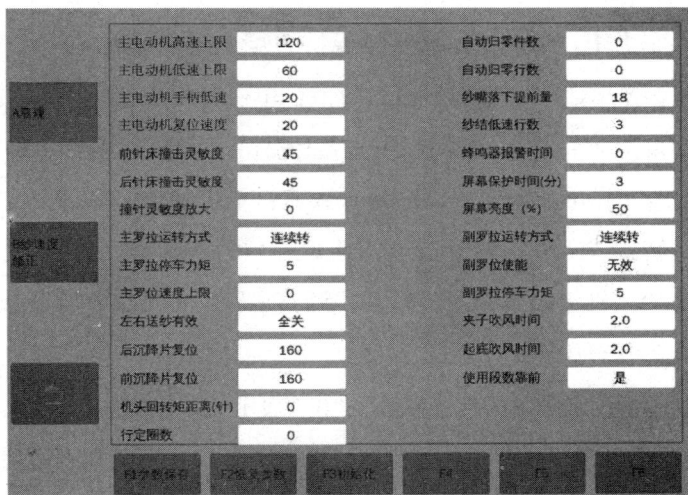

图6-2-1　系统一工作参数设定

1. 主电动机

（1）主电动机高速上限：设定在编织状态下主电动机设置高速时与全速的最高百分比。调整步骤：单击文本框内数值区，弹出数字输入框后输入数值，单击确定。

（2）主电动机低速上限：设定在编织状态下主电动机设置低速时与全速的最高百分比。调整步骤：单击文本框内数值区，弹出数字输入框后输入数值，单击确定。

（3）主电动机手柄低速：设定主电动机在手柄慢动状态下编织速度与全速的百分比。调整步骤：单击文本框内数值区，弹出数字输入框后输入数值，单击确定。

（4）主电动机复位速度：设定编织机头原点复位时的速度与全速的百分比。调整步

155

骤：单击文本框内数值区，弹出数字输入框后输入数值，单击确定。

2. 针床

（1）前后针床撞击灵敏度：设定撞针传感器撞击时的感应灵敏度，数值越大越灵敏，"0"为关闭撞击灵敏度。调整范围在 0～99。调整步骤：单击文本框内数值区，弹出数字输入框后输入数值，单击确定。

（2）撞针灵敏度放大：设定撞针灵敏度。调整范围在 0～4。调整步骤：单击文本框内数值区，弹出数字输入框后输入数值，单击确定。

3. 罗拉

（1）主罗拉运转方式：设定主罗拉运转方式。"0"表示两边转，机头在边幅两边转动；"1"表示连续转，机头运行时连续转动；"2"表示分段转，机头运行时分段转动。调整步骤：单击文本框内数值区，弹出数字输入框后输入数值，单击确定。

（2）主罗拉停车力矩：设定停车后罗拉保持力矩。调整范围在 0～50。调整步骤：单击文本框内数值区，弹出数字输入框后输入数值，单击确定。

（3）主罗拉速度上限：设置主罗拉的速度上限值。调整范围在 10～100。调整步骤：单击文本框内数值区，弹出数字输入框后输入数值，单击确定。

（4）副罗拉运转方式：设定副罗拉运转方式。"0"表示连续转，机头运行时连续转动；"1"表示两边转，机头在边幅两边转动。调整步骤：单击文本框内数值区，弹出数字输入框后输入数值，单击确定。

（5）副罗拉使能：设定副罗拉使能状态。"0"表示无效，副罗拉无效；"1"表示有效，副罗拉有效。调整步骤：单击文本框内数值区，弹出数字输入框后输入数值，单击确定。

（6）副罗拉停车力矩：设定副罗拉不工作时的保持力矩。调整范围在 0～50。调整步骤：单击文本框内数值区，弹出数字输入框后输入数值，单击确定。

4. 其他

（1）左右送纱有效：设定辅助送纱器开启、关闭状态。"0"表示全关；"1"表示左开；"2"表示右开；"3"表示全开。调整步骤：单击文本框内数值区，弹出数字输入框后输入数值，单击确定。

（2）后沉降片复位：设定后沉降片步进控制电动机在机头原点复位后与沉降片零位探头的距离值（脉冲）。调整范围在 -1000～1000。调整步骤：单击文本框内数值区，弹出数字输入框后输入数值，单击确定。

（3）前沉降片复位：设定前沉降片步进控制电动机在机头归零复位后与沉降片零位探

头的距离值（脉冲）。调整范围在－1000~1000。调整步骤：单击文本框内数值区，弹出数字输入框后输入数值，单击确定。

（4）机头回转距离：设定机头在编织花样两端换向时的转距微调（针）。调整范围在0~50。调整步骤：单击文本框内数值区，弹出数字输入框后输入数值，单击确定。

（5）行定圈数：设定行定时机头运行的圈数（转数），两行为一转。调整范围在0~9999。调整步骤：单击文本框内数值区，弹出数字输入框后输入数值，单击确定。

（6）自动归零件数：编织到设定值后，自动复位，并进入原点复位，复位后自动重新开始编织。调整范围在0~100。调整步骤：单击文本框内数值区，弹出数字输入框后输入数值，单击确定。

（7）自动归零行数：编织到设定值后，自动复位，并进入原点复位，复位后自动重新开始编织。调整范围在0~9999。调整步骤：单击文本框内数值区，弹出数字输入框后输入数值，单击确定。

（8）纱嘴落下提前量：设定编织时纱嘴落下的前置量（针）。调整范围在0~100。调整步骤：单击文本框内数值区，弹出数字输入框后输入数值，单击确定。

（9）纱结低速行数：设定遇到小纱结报警时，为避免机头运行过快而导致断纱，设置机头低速运行的行数。调整范围在0~10。调整步骤：单击文本框内数值区，弹出数字输入框后输入数值，单击确定。

（10）蜂鸣器报警时间：设定报警时间（秒）。调整范围在0~60（"0"为关闭蜂鸣器）。调整步骤：单击文本框内数值区，弹出数字输入框后输入数值，单击确定。

（11）屏幕保护时间：设定屏幕保护程序生效时的静止时间，即无操作时间（分）。调整范围在0~60（"0"为无屏幕保护）。调整步骤：单击文本框内数值区，弹出数字输入框后输入数值，单击确定。

（12）屏幕亮度：设定屏幕亮度百分比（%）。调整范围在30~99。调整步骤：单击文本框内数值区，弹出数字输入框后输入数值，单击确定。

（13）夹子吹风时间：设定夹子动作时吹风的时间（针对有带吹风吸尘功能的机器）（秒）。调整范围在0~60。调整步骤：单击文本框内数值区，弹出数字输入框后输入数值，单击确定。

（14）起底吹风时间：设定起底板落布动作时吹风的时间（针对有带吹风吸尘功能的机器）（秒）。调整范围在0~60。调整步骤：单击文本框内数值区，弹出数字输入框后输入数值，单击确定。

（15）使用段数靠前：设置是否将使用段数集中靠前排列。"0"表示否，"1"表示是。调整步骤：单击文本框内数值区，弹出数字输入框后输入数值，单击确定。

5. 按键

（1）F1 参数保存：点"参数保存"，则参数将保存入内存。

（2）F2 恢复参数：点"恢复参数"，则从内存中调出最近一次保存的参数。

（3）F3 初始化：点击"初始化"，则工作参数恢复到出厂时的默认值。

（二）纱嘴速度修正

设置当前速度下的纱嘴丢纱时的提前量，配合纱嘴停放一同使用（图6-2-2）。

图 6-2-2　纱嘴速度修正

1. F1 切换

即切换到嵌花纱嘴速度修正与普通纱嘴修正相同。

2. F2、F3 纱嘴上下

即当前只显示4把纱嘴号，通过上下翻页设置更多的纱嘴号。

3. F4、F5 速度上下

即当前速度只到40，通过上下翻页到120的速度值。

4. F6 复制

即将光标所在的框的数值复制到当前行。

二、系统二工作参数设定

系统二工作参数设定界面如图6-2-3所示。

图 6-2-3　系统二工作参数设定

1. 主电动机

（1）主电动机最高速度：机头最快速度，以机器实际数值为准。机头实际速度不会超过此速度。

（2）主电动机限制速度：机器运行时，低速运行时的最大速度，表示机头最高速度的百分比。

（3）主电动机低速：慢车启动时的最大速度，表示机头最高速度的百分比。

（4）主电动机复位速度：复位时机头速度，表示最高速度的百分比。

（5）纱嘴下落提前量：设置纱嘴提前落下的时间，在 0~100 之间，一般设置为 20 就可以了。

2. 沉降片

（1）后床沉降片复位：后床沉降片在复位后的位置，一般在 200~250。

（2）后床沉降片左行翻针位：后床沉降片左行翻针时的位置，可根据不同织物进行调节，一般在 400~500。

（3）后床沉降片右行翻针位：后床沉降片右行翻针时的位置，可根据不同织物进行调节，一般在 0~100。

（4）后床沉降片左行编织位：后床沉降片左行编织时的位置，可根据不同织物进行调节，一般在 400~500。

（5）后床沉降片右行编织位：后床沉降片右行编织时的位置，可根据不同织物进行调节，一般在 0~100。

（6）前床沉降片复位：前床沉降片在复位后的位置，一般在 200~250。

（7）前床沉降片左行翻针位：前床沉降片左行翻针时的位置，可根据不同织物进行调节，一般在 400~500。

（8）前床沉降片右行翻针位：前床沉降片右行翻针时的位置，可根据不同织物进行调节，一般在 0~100。

（9）前床沉降片左行编织位：前床沉降片左行编织时的位置，可根据不同织物进行调节，一般在 400~500。

（10）前床沉降片右行编织位：前床沉降片右行编织时的位置，可根据不同织物进行调节，一般在 0~100。

3. 针床

（1）针床撞击使能：点击按钮在"是"和"否"切换。"是"表示打开针床撞击报警功能；"否"表示关闭针床撞击报警功能。

（2）前床撞针灵敏度：调整前床撞针传感器的灵敏度，1~10，"1"表示最敏感，"10"表示不敏感。

（3）后床撞针灵敏度：调整后床撞针传感器的灵敏度，1~10，"1"表示最敏感，"10"表示不敏感。

4. 片展开系统

片展开系统最多支持 2 片展开。展开片数设置范围为 1~2。

（1）间隔针数：同时做几片之间的需间隔的针数，最小为 30 针。

（2）左片使能：当同时编织 2 片时，如果左片出现断纱、坏针等意外情况时，可以关闭此功能，使左片失效，而只编织右片。

（3）右片使能：当同时编织 2 片时，如果右片出现断纱、坏针等意外情况时，可以关闭此功能，使右片失效，而只编织左片。

5. 其他

（1）后安全门报警："关闭"表示后安全门没有关闭时不报警；"打开"表示安全门没有关闭时系统自动报警。

（2）机头回转距：机头回转的距离，距离越小织片时间越短，尽可能将此参数调到最小。一般为 5 最好。

（3）主罗拉报警：打开或关闭主罗拉报警功能，此功能为出口用。

（4）主罗拉停车力矩：机器停止时，力矩罗拉所保持的力矩，不要设置太大，太大有可能在停车时罗拉打滑，把布拉坏。一般设置为 20 左右。

（5）花板起始针：所编织的花型在针床的位置，单位为针。

（6）自动归零件数：编织达到设定的件数之后机器自动复位。如果自动归零件数设置成"0"，则表示关闭自动归零功能。

三、系统三工作参数设定

（一）工作参数

系统三工作参数第 1 页设定界面如图 6-2-4 所示，第 2 页设定界面如图 6-2-5 所示。

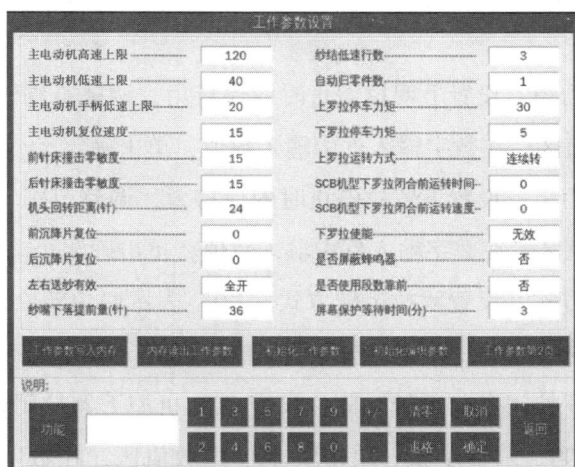

图 6-2-4　工作参数设定界面 1

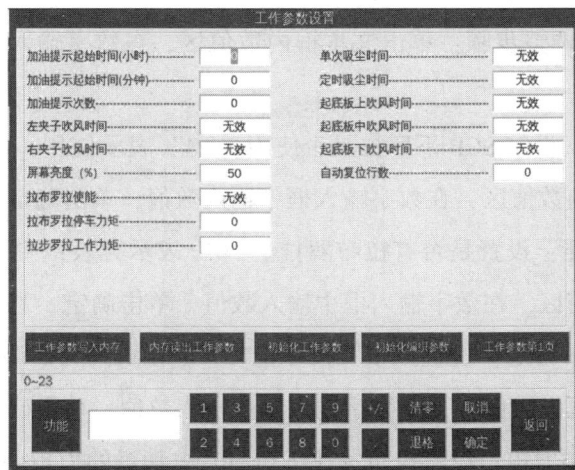

图 6-2-5　工作参数设定界面 2

1. 主电动机

（1）主电动机高速上限：设定在编织状态下主电动机设置高速时与全速的较高最高百分比。调整步骤：单击文本框内数值区，在数字输入框中输入数值，单击确定。

（2）主电动机低速上限：设定在编织状态下主电动机设置低速时与全速的较低最高百分比。调整步骤：单击文本框内数值区，在数字输入框中输入数值，单击确定。

（3）主电动机手柄低速上限：设定主电动机在手柄慢动状态下编织速度与全速的百分比。调整步骤：单击文本框内数值区，在数字输入框中输入数值，单击确定。

（4）主电动机复位速度：设定编织机头原点复位时的速度与全速的百分比。调整步骤：单击文本框内数值区，在数字输入框中输入数值，单击确定。

2. 罗拉

（1）上罗拉停车力矩：设置上罗拉停止时的保持力，调整范围一般为 0～50。调整步骤：单击文本框内数值区，在数字输入框中输入数值，单击确定。

（2）下罗拉停车力矩：设置下罗拉停止时的保持力，调整范围一般为 0～50。调整步骤：单击文本框内数值区，在数字输入框中输入数值，单击确定。

（3）上罗拉运转方式：设置罗拉运转方式。"0"表示两边转；"1"表示连续转。调整步骤：单击文本框内数值区，在数字输入框中输入数值，单击确定。

（4）SCB 机型下罗拉闭合前运转时间：设定 SCB 机型下罗拉闭合前运转时间（秒），调整范围一般为 0～3000。调整步骤：单击文本框内数值区，在数字输入框中输入数值，单击确定。

（5）SCB 机型下罗拉闭合前运转速度：设定 SCB 机型下罗拉闭合前运转速度值，调整范围一般为 0～50。调整步骤：单击文本框内数值区，在数字输入框中输入数值，单击确定。

（6）下罗拉使能：设定 SCB 下罗拉是否使用。"0"表示使用；"1"表示不使用。调整步骤：单击文本框内数值区，在数字输入框中输入数值，单击确定。

（7）拉布罗拉使能：设置是否有拉布罗拉。"0"表示无效；"1"表示有效。调整步骤：单击文本框内数值区，在数字输入框中输入数值，单击确定。

（8）拉布罗拉停车力矩：设置拉布罗拉停止时，电动机的力矩调整范围一般为 0～50。调整步骤：单击文本框内数值区，在数字输入框中输入数值，单击确定。

（9）拉布罗拉工作力矩：设置拉布罗拉工作时，电动机的力矩调整范围一般为 0～99。调整步骤：单击文本框内数值区，在数字输入框中输入数值，单击确定。

3. 针床

（1）针床撞击灵敏度：设定撞针传感器撞击时的感应灵敏度，数值越大越灵敏，"0"表示关闭撞击灵敏度，调整范围一般为 0~99。调整步骤：单击文本框内数值区，在数字输入框中输入数值，单击确定。

（2）前沉降片复位：设定前沉降片步进控制电动机在机头归零复位后与沉降片零位探头的距离值（脉冲），调整范围一般为 0~1000。调整步骤：单击文本框内数值区，在数字输入框中输入数值，单击确定。

（3）后沉降片复位：设定后沉降片步进控制电动机在机头原点复位后与沉降片零位探头的距离值（脉冲），调整范围一般为 0~1000。调整步骤：单击文本框内数值区，在数字输入框中输入数值，单击确定。

4. 回转

（1）机头回转距离：设定机头在编织花样两端换向时的转距微调（针），调整范围一般为 0~50。调整步骤：单击文本框内数值区，在数字输入框中输入数值，单击确定。

（2）左右送纱有效：设定辅助送纱器开启、关闭状态。"0"表示全关；"1"表示左开；"2"表示右开；"3"表示全开。调整步骤：单击文本框内数值区，在数字输入框中输入数值，单击确定。

（3）纱嘴下落提前量：设定编织时纱嘴落下的前置量（针），调整范围一般为 0~3x 每英寸针数。调整步骤：单击文本框内数值区，在数字输入框中输入数值，单击确定。

5. 报警

（1）纱结低速行数：设定遇到小纱结报警时，为避免机头运行过快而导致断纱，设置机头低速运行的行数，调整范围一般为 0~10。调整步骤：单击文本框内数值区，在数字输入框中输入数值，单击确定。

（2）是否屏蔽蜂鸣器：设置是否屏蔽蜂鸣器。"0"表示否；"1"表示是。调整步骤：单击文本框内数值区，在数字输入框中输入数值，单击确定。

（3）使用段数靠前：设置是否将使用段数靠前排列。"0"表示否；"1"表示是。调整步骤：单击文本框内数值区，在数字输入框中输入数值，单击确定。

6. 归零

（1）自动归零件数：编织到设定值后，总件数自动归零，并进入原点复位，复位后自动重新开始编织，调整范围一般为 0~100。调整步骤：单击文本框内数值区，在数字输入框中输入数值，单击确定。

（2）自动复位行数：设置自动复位行数，调整范围一般为 0~99999。调整步骤：单击文本框内数值区，在数字输入框中输入数值，单击确定。

7. 屏幕

（1）屏幕保护等待时间：设定屏幕保护程序生效时的静止时间，即无操作时间（分），调整范围一般为 0~60。"0" 表示无屏幕保护。调整步骤：单击文本框内数值区，在数字输入框中输入数值，单击确定。

（2）屏幕亮度：设置屏幕亮度百分比（%）。调整范围一般为 30~99。调整步骤：单击文本框内数值区，在数字输入框中输入数值，单击确定。

8. 清洁保养

（1）加油提示起始时间：设定机器加油时间（小时），调整范围一般为 0~23。调整步骤：单击文本框内数值区，在数字输入框中输入数值，单击确定。

（2）加油提示起始时间：设定机器加油时间（分钟），调整范围一般为 0~59。调整步骤：单击文本框内数值区，在数字输入框中输入数值，单击确定。

（3）加油提示次数：设定加油次数，当加油时间到时，在主界面提示 0~10。调整步骤：单击文本框内数值区，在数字输入框中输入数值，单击确定。

（4）左夹子吹风时间：设置夹子动作时，风箱吹风的时间，调整范围一般为 0~120，"0" 表示关闭。调整步骤：单击文本框内数值区，在数字输入框中输入数值，单击确定。

（5）右夹子吹风时间：设置夹子动作时，风箱吹风的时间，调整范围一般为 0~120，"0" 表示关闭。调整步骤：单击文本框内数值区，在数字输入框中输入数值，单击确定。

（6）单次吸尘时间：设定单次吸尘时间（秒），调整范围一般为 0~3600。调整步骤：单击文本框内数值区，在数字输入框中输入数值，单击确定。

（7）定时吸尘时间：设定吸尘的时间（分钟），调整范围一般为 0~60000。调整步骤：单击文本框内数值区，在数字输入框中输入数值，单击确定。

（8）起底板吹风时间（秒）：设定是否使用起底板吹风功能，分上、中、下三个位置吹风，可单独配置，调整范围一般为 0~10。"0" 表示关闭使能。调整步骤：单击文本框内数值区，在数字输入框中输入数值，单击确定。

（二）工作参数写入内存

点击 "工作参数写入内存"，弹出如图 6-2-6 所示窗口，点击 "是"，则工作参数写入到内存。

（三）内存读出工作参数

点击"内存读出工作参数"，弹出如图 6-2-7 所示窗口，点击"是"，则从内存中读出工作参数。

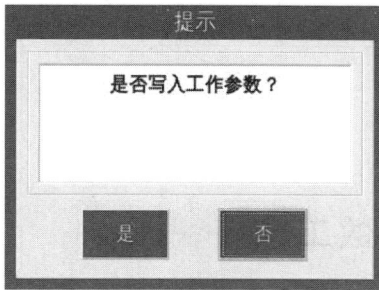

图 6-2-6　写入工作参数　　　　　　　　图 6-2-7　读出工作参数

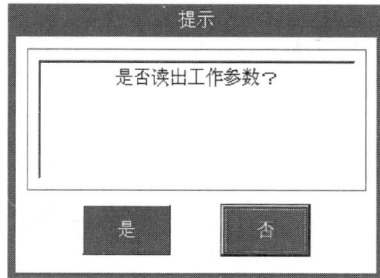

（四）初始化工作参数

点击"初始化工作参数"，弹出如图 6-2-8 所示窗口，点击"是"，则工作参数恢复到出厂时的默认值。

（五）初始化编织参数

点击"初始化编织参数"，弹出如图 6-2-9 所示窗口，点击"是"，则编织参数恢复到出厂时的默认值。

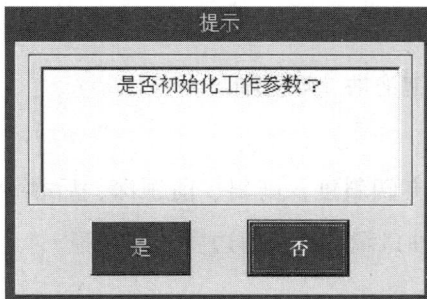

图 6-2-8　初始化工作参数　　　　　　　图 6-2-9　初始化编织参数

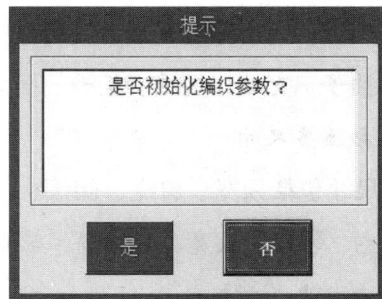

第七章　制版关键流程

第一节　下数工艺

电脑横机编织的产品虽然越来越丰富，但毛衫依然是最主要的产品。毛衫制版的流程可复杂，也可简单，设计的理念可以基本涵盖横机编织的所有产品，本文以男式 V 领背心为例来介绍下数工艺要点。

一、成品款式分析

款式分析是为了确定生产工艺单和款式与花型。毛衫的款式分析包括以下几个方面。

1. 毛衫款式特征

（1）领型：圆领、V 领、方领、企领、樽领、立领、翻驳领、一字领。

（2）门襟：闭门襟、开衫、偏门襟、不规则门襟。

（3）袖子：无袖、短袖、长袖、插肩袖、泡泡袖、灯笼袖。

2. 毛衫主要尺寸

主要尺寸包括领宽、肩宽、胸围、身长、夹阔斜度、膊斜、前领深、后领深、腰宽、下摆罗纹宽、领口罗纹宽、衫脚高、衫咀高、袖口阔、袖长膊边度、袖宽等。

3. 衣身主要花型组织

衣身主要花型组织包括单面组织、双面组织、提花组织、嵌花组织、罗纹组织、挑孔组织、阿兰花组织、三平组织、四平组织、圆筒组织、扭绳组织、令士组织、间色组织、谷波组织、挂毛组织等。

4. 主要原料

主要原料包括包芯纱、羊毛、羊绒、兔毛、马海毛、棉纱、羊驼毛、驼绒、蚕丝、亚麻、苎麻、醋酯纤维、铜氨纤维、锦纶、涤纶、氨纶、人造毛、高弹拉架等。

5. 男式 V 领背心款式分析

（1）款式特点：V 领、无袖、背心。

（2）衣身花型组织：衣身单面组织，领贴、下摆为 2×1 罗纹组织。

（3）毛料：48 公支/2 羊毛。

（4）尺寸：须对 V 领背心的尺寸进行测量并记录。V 领背心示意图如图 7-1-1 所示，其具体测量尺寸见表 7-1-1。

图 7-1-1　V 领背心

表 7-1-1　主要尺寸及其测量方法

部位	尺寸/cm	测量方法
胸阔	46	1/2 胸围
肩宽	37	肩端点对肩端点
身长	63	领边量度
夹阔斜度	21	肩顶至腋下量度
膞斜	3	肩斜垂直高度
领宽	21	左领边至右领边量度
前领深	18	后中至缝线
后领深	2.5	领边至后领缝线垂直量度
领贴高	3	领口罗纹宽
衫脚高	6	下摆罗纹高

二、原始资料与数据的输入

毛衫在制作过程中，必须制作下数工艺单，目前市场上已普遍使用智能吓数软件代替人工计算制作下数工艺单。

1. 打开智能下数软件

双击智能下数软件，出现智能下数软件主界面，如图 7-1-2 所示。

2. 款式资料与数据输入

根据款式具体信息要求进行输入，包括开单日期、出办限期、客户信息、生产数量、毛料、尺寸等，选择电脑横机针号和用于缝盘的针号，如图 7-1-3 所示。

3. 款式数量输入

数量单位可以选"件"或者"打（12 件）"，输入具体的数值表示每个款式生产的总数量，如图 7-1-4 所示。

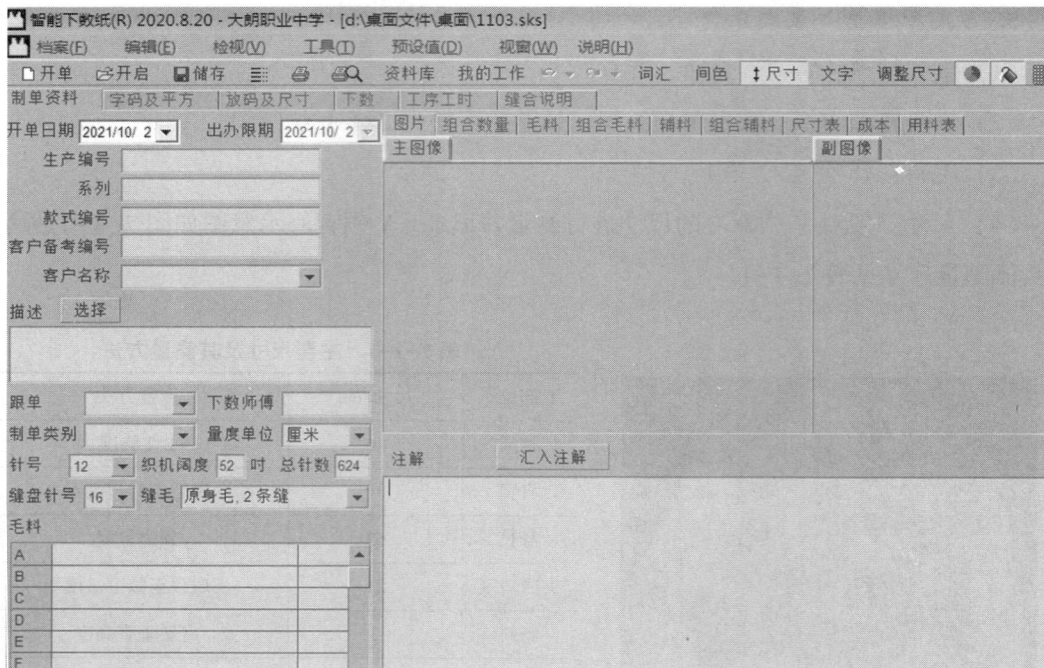

图 7-1-2　智能下数软件主界面

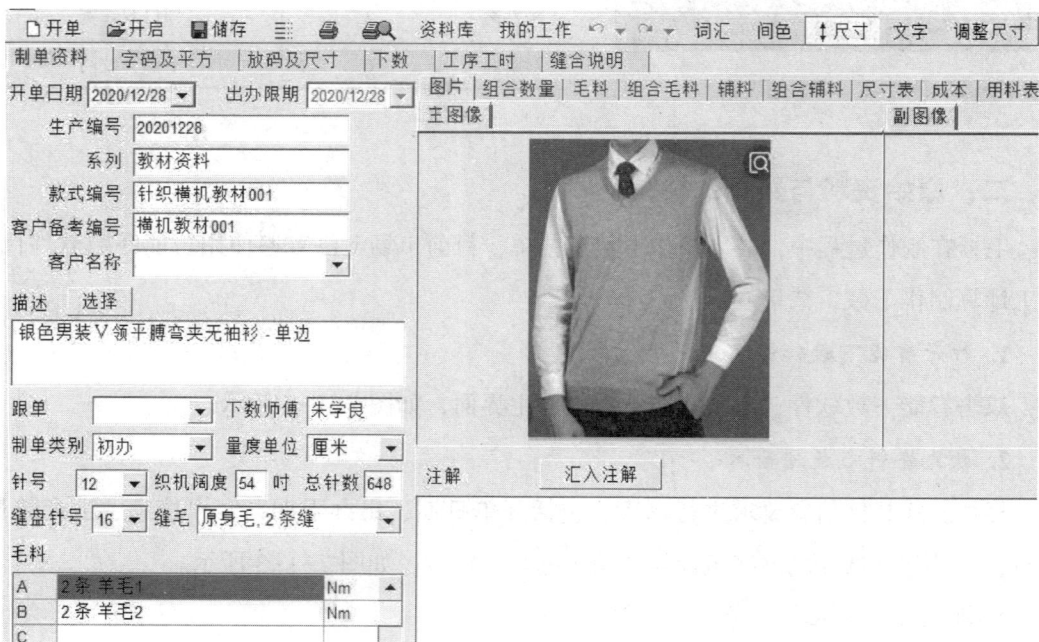

图 7-1-3　毛衫客户资料输入

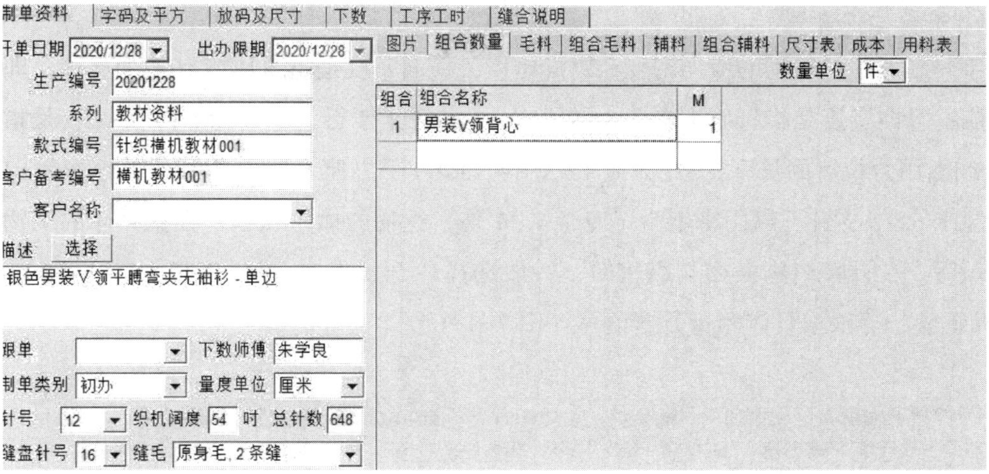

图 7-1-4 毛衫制作数量资料输入

4. 原料信息资料输入

款式中涉及辅料时，则按款式要求录入所用辅料信息，如果没有涉及，则不用输入。

5. 毛衫各部位尺寸输入

按照毛衫具体测量尺寸，输入相关的数据信息，如图 7-1-5 所示。

图 7-1-5 毛衫各部位尺寸输入

6. 字码平方输入

字码平方是指织物的横向密度和纵向密度，横向密度是指每厘米有多少支针，即多少个线圈；纵向密度是指每厘米有多少转线圈，1 转等于 2 行。"面字码 10 支拉"是指横向 10 个线圈用力拉后的长度。"平方 6.12 支×4.11 转/平方厘米"是指制作的毛衫横向密度为每厘米 6.12 支针，纵向密度为每厘米 4.11 转，织物的横密和纵密根据具体的织物的密度来填写。在计算织物横密与纵密时，一般选择"全长拉"，"吊度拉力""手拉拉力""落机重量"等根据具体测量数据填写（图 7-1-6）。

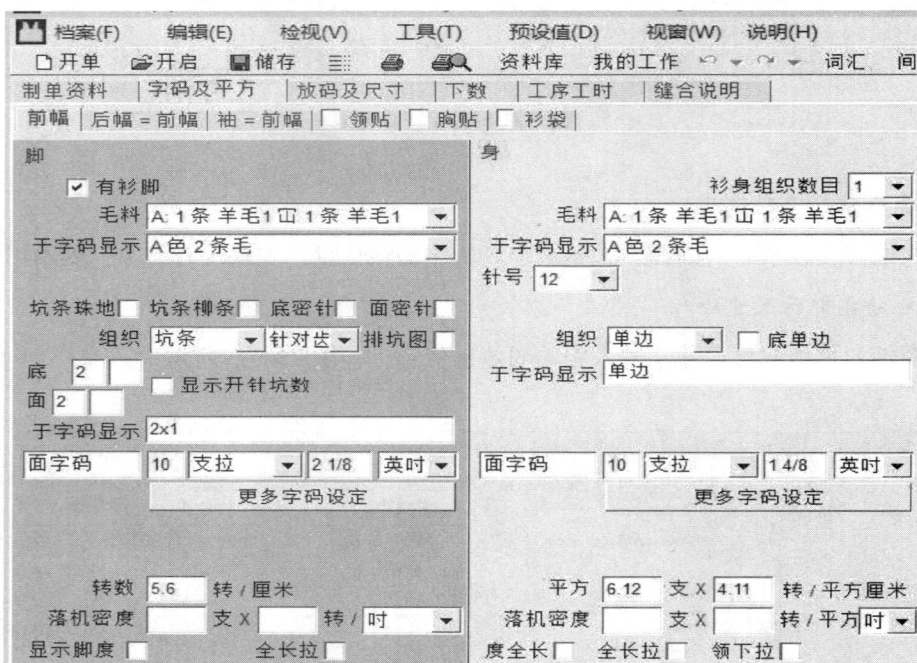

图 7-1-6　毛衫字码平方输入

"脚"是指袖口、下摆、领口等所使用的罗纹组织参数，根据具体情况填写。

目前制作毛衫款式的前幅、后幅、袖子的花型组织都是单面组织，所以选择前幅、后幅、袖子的字码平方一样，如果花型组织存在变化，则根据实际测量的字码平方填写。

"领贴"即领口罗纹，因为"领贴"跟衣身的花型组织不一样，所以字码平方要根据实际情况填写（图 7-1-7）。

7. 放码尺寸输入

对毛衫批量生产，有不同码数时使用，依据每个码生产的大小进行放码，放码尺寸的方式有相差和数值两种。

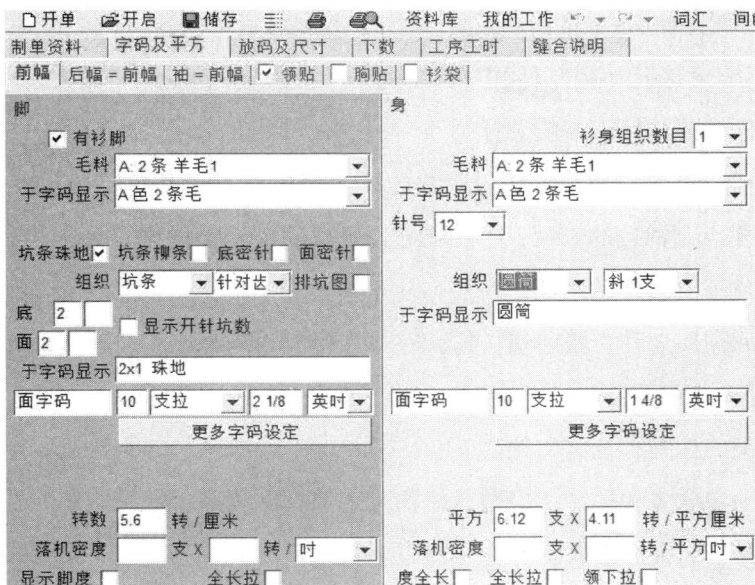

图 7-1-7　领贴字码平方输入

8. 款式选择

相关参数资料输入完毕后，点击"下数"，智能下数软件将会弹出款式特征选择相关信息（图 7-1-8）。

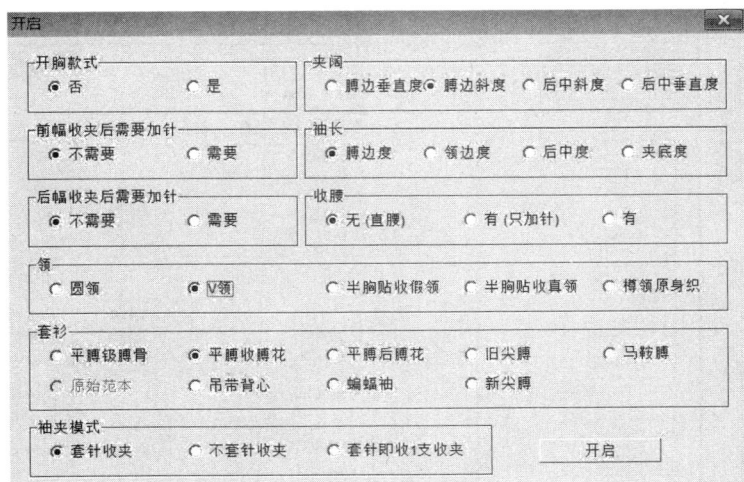

图 7-1-8　款式特征信息选项

开胸款式是指前开胸，所以选"否"。

夹阔是指袖窿深的测量方法。其中膊边垂直度是指肩端点到袖窿底点的垂直距离；膊边斜度是指肩端点到侧缝袖窿底点的斜向距离；后中斜度是指后幅横开领中点到侧缝袖窿底点的斜向距离；后中垂直度是指后幅横开领中点到袖窿底点的垂直距离。通常做法选"膊边斜度"。

前幅收夹后需要加针，一般选择"否"。

袖长是指袖子长度的测量方法，通常选择"膊边度"，即肩端点到袖口的长度；"领边度"是指颈测点到袖口的长度；"后中度"是指后横开领的中点到袖口的长度；"夹底度"是指袖窿底点到袖口的距离。

后幅收夹后需要加针，跟前幅一样，一般选择"否"。

收腰根据具体情况选择，一般选择"无（直腰）"

领是指领型的选择，选"V领"。

套衫选择项包含各种袖型，根据具体款式来选择，选择"平膊收膊花"。

袖夹模式是指收夹的形式，选择"套针收夹"。

9. 生成下数

款式特征勾选完后，点击"开启"，智能下数软件将会自动生成下数工艺（图7-1-9），但系统自动生产的下数工艺不一定是理想的，要根据具体款式对下数工艺进行修改。

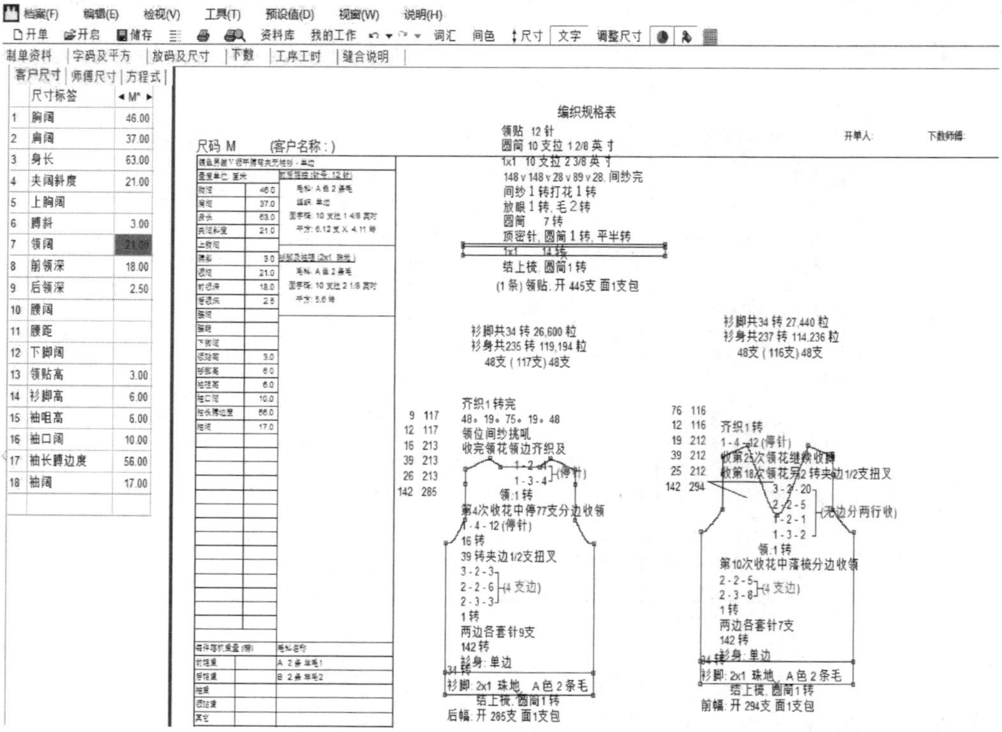

图7-1-9　智能下数软件自动生成的下数工艺

三、下数尺寸调整

因针织物弹性属性及后整理过程中，织物的尺寸会发生变化，所以在制作下数工艺之前，须对下数尺寸进行调整。在调整尺寸过程中，先调整衣身横向尺寸，后调整衣身纵向尺寸。同时在进行尺寸调整过程中，从后幅开始。为方便放码，在调整下数尺寸时，一般使用方程式的模式进行调整（图7-1-10）。

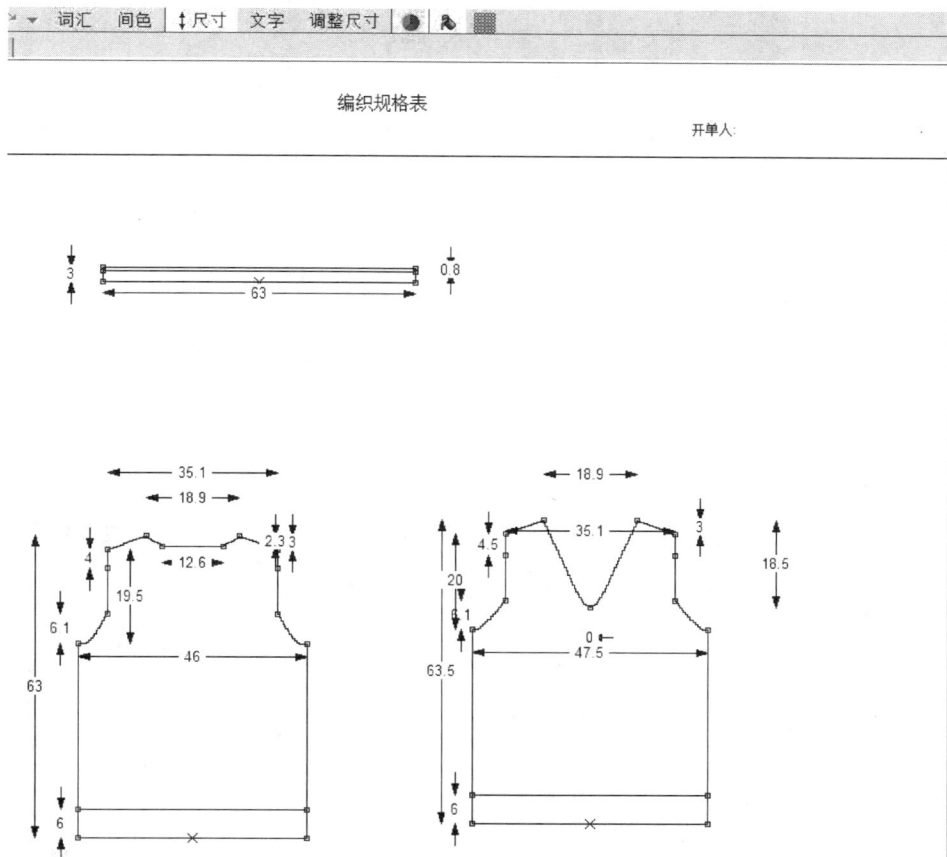

图7-1-10　操作界面优化

（一）后幅下数横向尺寸调整

第一步：点击后胸宽的"起始点"，当"起始点"变成红色时，单击右键，选择"新增横向方程式"（图7-1-11），然后在光标处出现一条指示线，将指示线从起始位置延伸到右边袖窿底点，然后点击左键，将会出现如图7-1-12所示的对话框，点击"尺寸标签"的空白框，输入"实际后胸阔"，然后点击"算式"的空白框，"可用的变数"栏被激活，在下拉菜单中选择"胸阔"，然后结合对话框右边的运算符号，完成算式栏的方程式，形成运算公式，从而对后胸宽的尺寸进行调整，点击确定后，后幅前胸宽（阔）将变成45cm。

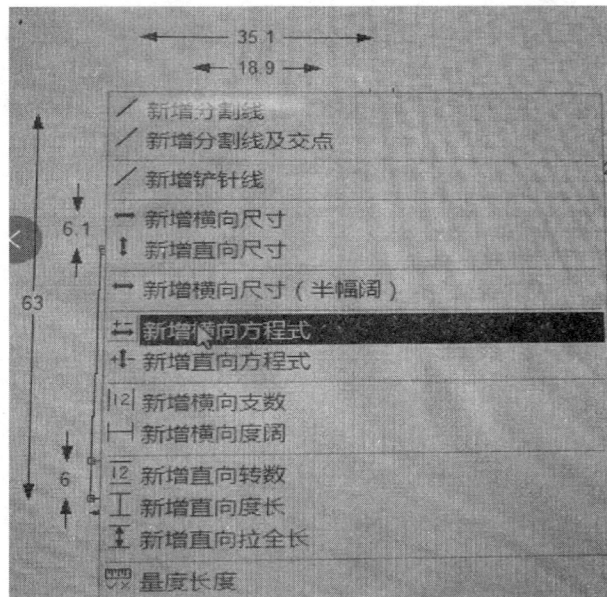

图7-1-11　操作界面优化

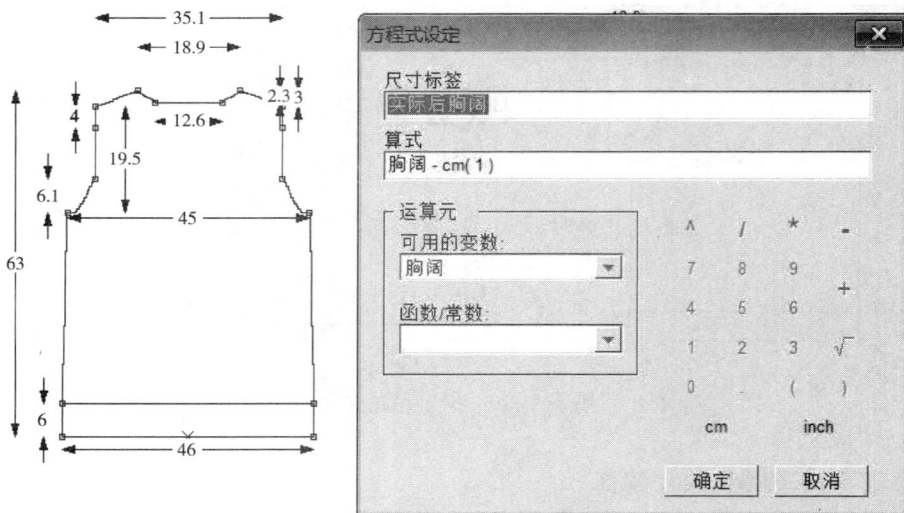

图7-1-12　后胸宽尺寸调整方程式输入

第二步：如图7-1-13所示，将光标放在前胸宽（阔）横向标注线上，当标注线变成红色时，单击右键，选择"用作横向尺寸"，将前胸宽（阔）的尺寸分别复制给下摆横向尺寸的两条标识线，如图7-1-14（a）所示。

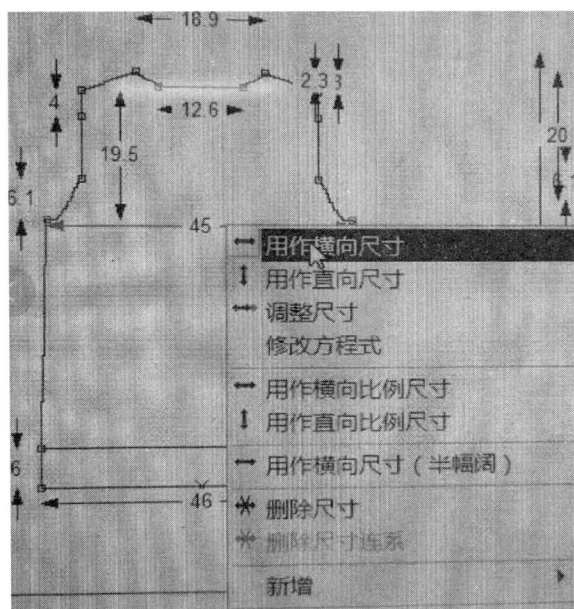

图 7-1-13　前胸宽（阔）横向尺寸复制

点选"用作横向尺寸"后，将光标的指示线分别连接需要复制的两个点，实现后胸宽（阔）尺寸复制，如图 7-1-14（b）所示。

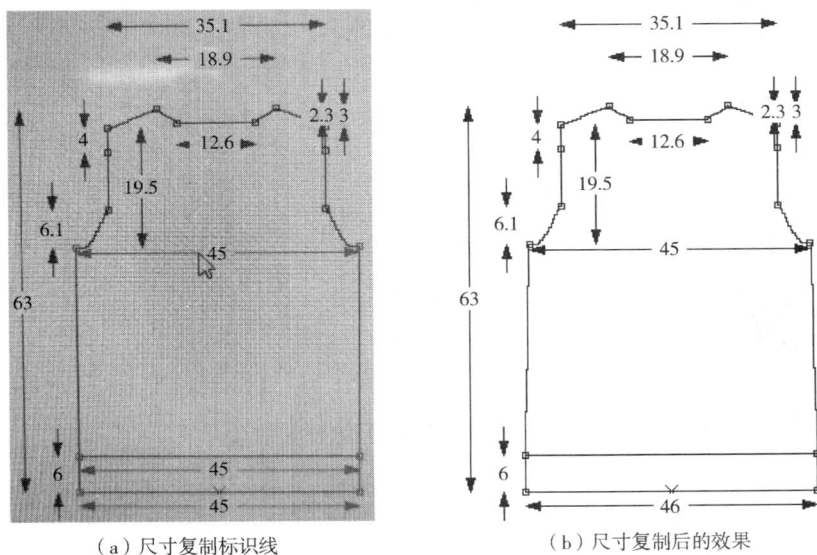

（a）尺寸复制标识线　　　　　　　　　（b）尺寸复制后的效果

图 7-1-14　前胸宽（阔）横向尺寸复制

第三步：用同样的方法调整后领宽（阔）、后领底平位、后肩宽下数尺寸的调整：

实际后领宽尺寸调整方程式：领宽-cm（2）；

实际后领底平位尺寸调整方程式：实际后领宽×0.5；

实际后肩宽尺寸调整方程式：肩宽 - cm（2），然后将尺寸复制给以下两个横向尺寸，如图7-1-15所示。

（二）后幅下数纵向尺寸调整

第一步：衣长（身长）下数尺寸调整。如图7-1-16（a）所示，将光标放在左下角的点，当点变成红色时，点击右键，选择"新增直向方程式"，将光标指示线从左下角的点连接到纵向最高点 [图7-1-16（b）]，输入下数尺寸调整方程式（图7-1-17）。

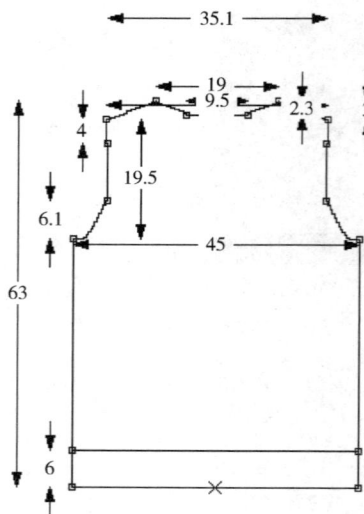

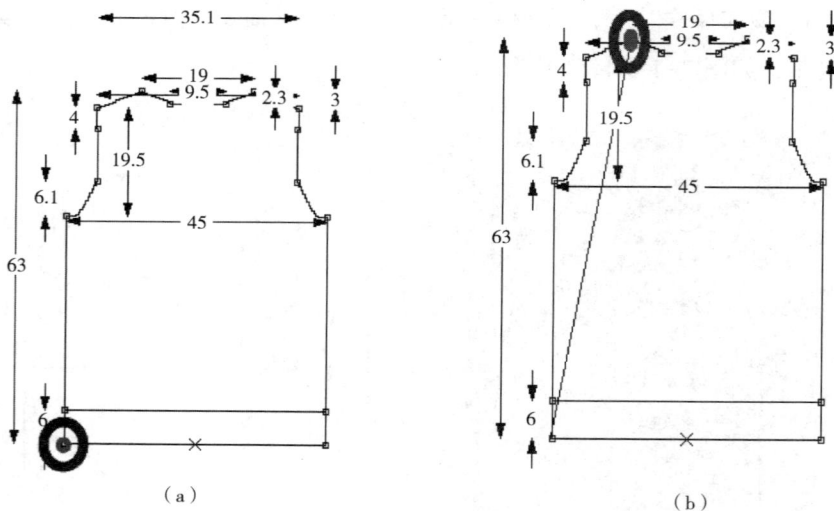

图7-1-15　后肩宽尺寸复制

图7-1-16　后肩宽（阔）尺寸复制方法

（a）

（b）

衣长（身长）的下数尺寸不变，所以实际衣长（身长）等于"身长"。

第二步：膊斜（肩斜高）吓数尺寸调整。光标放在肩端点上，当点变成红色时，点击右键，选择"新增直向方程式"，将光标指示线从肩端点连接到颈测点 [图7-1-18（a）]，弹出对话框后，用同样的方式输入膊斜（肩斜高）吓数尺寸调整方程式：[实际

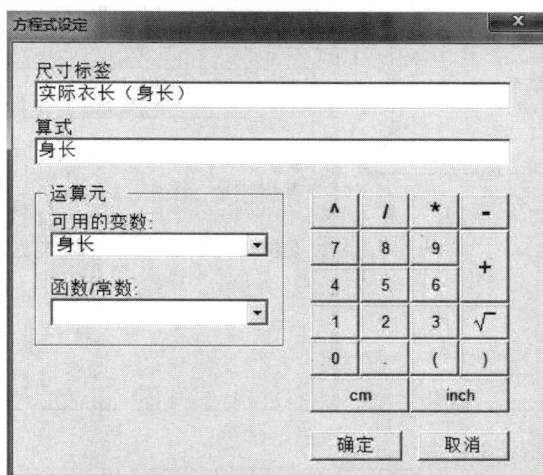

图 7-1-17　衣长（身长）尺寸

肩阔（宽）－实际后领阔（宽）］/2/3，即单肩宽的三分之一作为膊斜（肩斜高），点击确定。

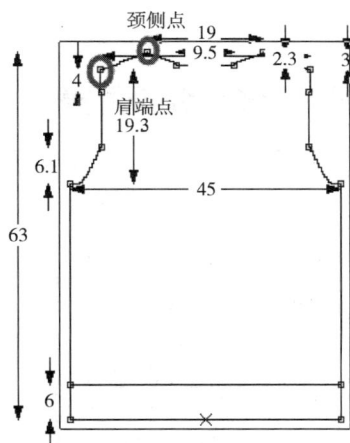

（a）肩膀点与颈侧点示意图　　　　　　　　　（b）膊斜下数尺寸调整方程式输入

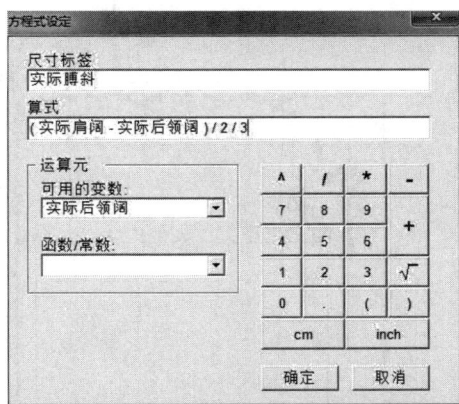

图 7-1-18　膊斜（肩斜高）下数尺寸调整方法

第三步：后夹阔斜度（袖窿深斜长）下数尺寸调整。把光标放在"袖窿底点"上，当"袖窿底点"显示红色时，单击右键，选择"新增直向方程式"，弹出方程式设定对话框，输入夹阔斜度（袖窿深斜长）吓数尺寸调整方程式：实际夹阔斜度－cm（1.5），点击确定，然后将光标指示线从"袖窿底点"连接到"肩端点"，如图 7-1-19 所示。

177

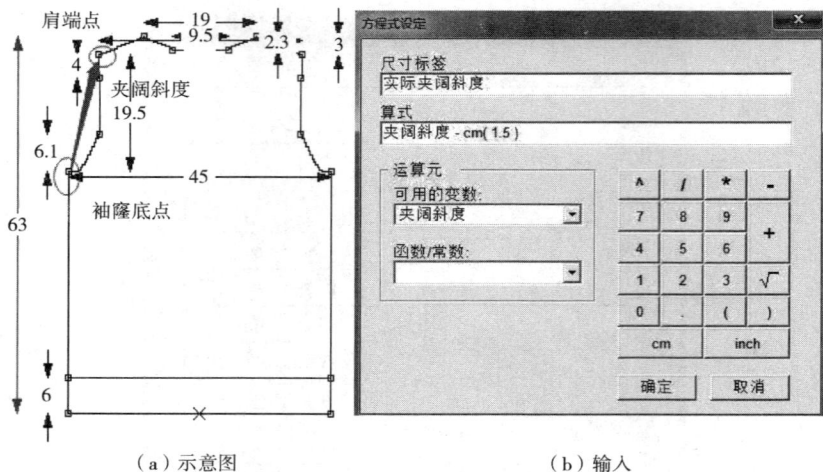

（a）示意图　　　　　　　　（b）输入

图 7-1-19　后夹阔斜度（袖窿深斜长）下数尺寸调整方法

　　第四步：后夹花高下数尺寸调整。把光标放在"袖窿底点"上，当"袖窿底点"显示红色时，单击右键，选择"新增直向方程式"，将光标指示线连接"夹花高"的两个端点，弹出方程式设定对话框，用同样的方法输入夹花高下数尺寸调整方程式（图 7-1-20）：实际夹阔斜度/2.5，然后点击"确定"。

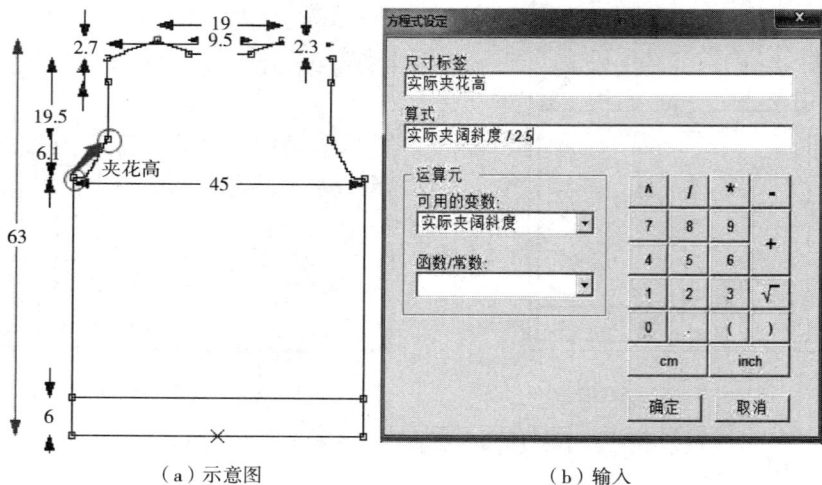

（a）示意图　　　　　　　　（b）输入

图 7-1-20　后夹花高下数尺寸调整方法

　　第五步：后袖尾缝位［图 7-1-21（a）］下数尺寸调整。将光标放在前袖尾缝位其中一个点上，当变成红色时，点击右键，选择"新增直向方程式"，将光标指示线连接袖尾缝位的两个端点，弹出"方程式设定"对话框后，输入后袖尾缝位下数尺寸调整方程式

［图7-1-21（b）］：实际后夹阔斜度/5，即实际后夹阔斜度的五分之一作为后袖尾缝位的尺寸。

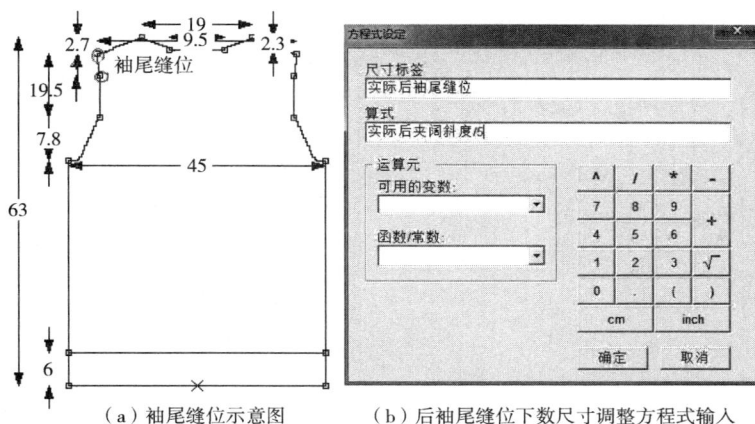

（a）袖尾缝位示意图　　（b）后袖尾缝位下数尺寸调整方程式输入

图7-1-21　后袖尾缝位下数尺寸调整方法

（三）前幅横向下数尺寸调整

第一步：前胸宽（胸阔）下数尺寸调整。目前前胸宽为46cm。将光标放在"袖窿底点"其中一个点，"袖窿底点"变成红色后，点击右键，选择"新增横向方程式"，然后将光标指示线连接左右两个"袖窿底点"，点击右键，弹出"方程式设定"对话框，用同样的方式输入前胸宽（胸阔）下数尺寸调整方程式：实际后胸阔+cm（2），点击确定，前胸阔（胸宽）的尺寸变成47cm（图7-1-22）。

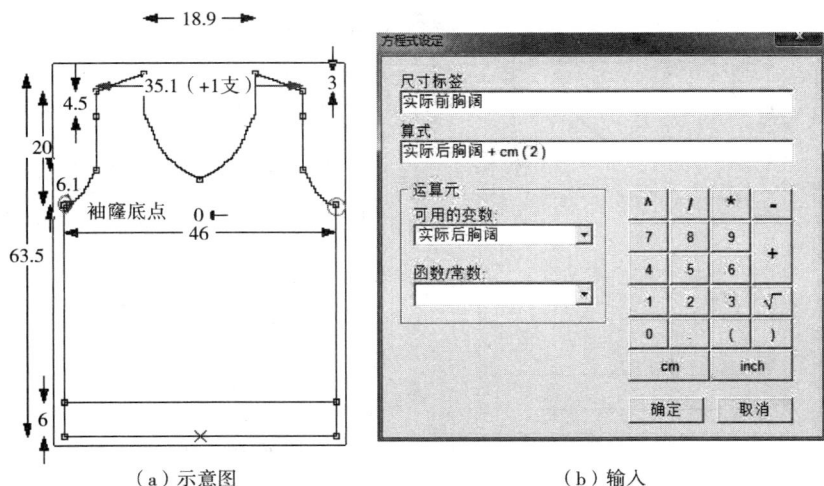

（a）示意图　　　　（b）输入

图7-1-22　前胸阔（胸宽）下数尺寸调整方法

179

　　然后将光标放在胸阔（胸宽）线上，变成红色时点击右键，选择"用作横向尺寸"，将实际前胸阔的尺寸（47cm）复制给下脚（下摆）等同胸阔（胸宽）尺寸的标识线（图7-1-23）。

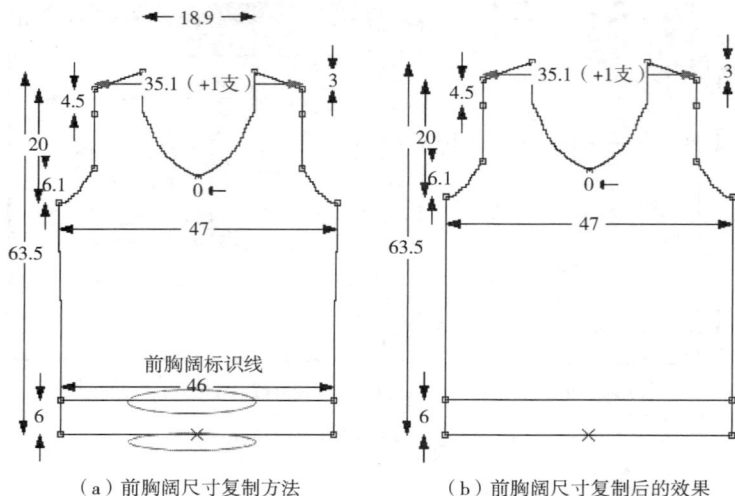

（a）前胸阔尺寸复制方法　　　　　　（b）前胸阔尺寸复制后的效果

图7-1-23　前胸阔（胸宽）下数尺寸调整方法

　　第二步：前领阔（宽）尺寸调整。将光标放在两个标识前领阔的点，当变成红色，点击右键，选择"新增横向方程式"，将光标指示线连接两个标识前领阔的两个点，单击左键，弹出"方程式设定"对话框，以同样的方式输入前领阔尺寸调整方程式：领阔-cm（2），点击确定，实际前领阔变成19cm，如图7-1-24所示。

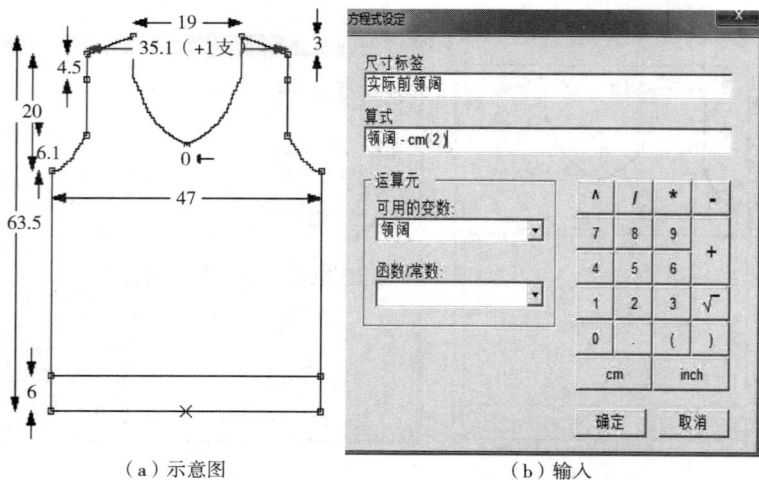

（a）示意图　　　　　　　　　　（b）输入

图7-1-24　领阔（宽）下数尺寸调整方法

第三步：前肩阔（宽）下数尺寸调整。因前后幅肩宽相等，所以可以将后幅肩阔的尺寸复制给前幅肩阔，复制的方法相同。

第四步：前领底平位下数尺寸调整。将光标放在前领底平位标识起始点，当变成红色时，单击右键，选择"新增横向方程式"，将光标指示线连接前领底平位宽度的两个点，单击左键，弹出"方程式设定"对话框，按同样的方式输入前领底平位下数尺寸调整方程式：领阔×0.001，点击确定，如图7-1-25所示。

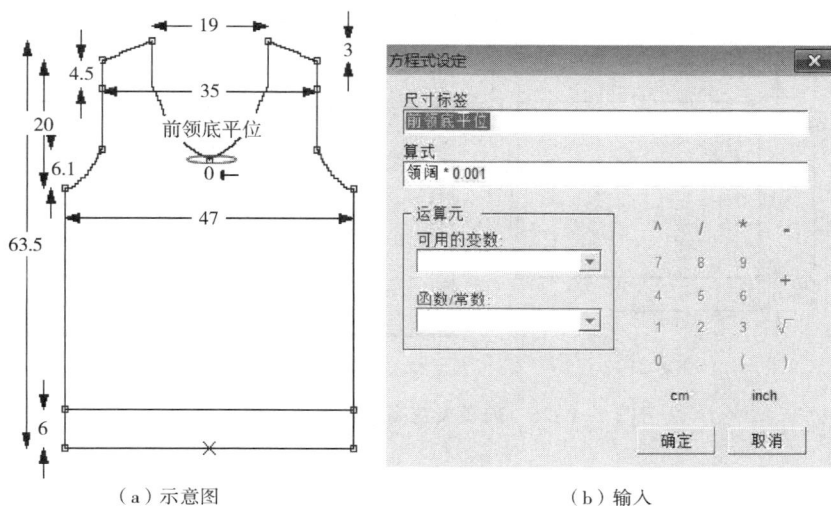

（a）示意图　　　　　　　　　　　（b）输入

图7-1-25　前领底平位下数尺寸调整方法

（四）前幅纵向下数尺寸调整

第一步：前身长（衣长）下数尺寸调整。前衣长下数尺寸调整的方法与后衣长下数尺寸调整的方法一样。但是，为了美观，毛衫肩部的缝位须往后移0.5cm，所以前衣长下数尺寸调整的方程式为：实际后身长+cm（1）。

第二步：前膊斜（肩斜高）下数尺寸调整。前膊斜与后膊斜相同，可以从后膊斜复制尺寸。

第三步：前夹阔斜度（袖窿深斜长）下数尺寸调整。前夹阔斜度比后实际夹阔斜度长1cm。实际前夹阔斜度下数调整的方程式为：实际后夹阔斜度+cm（1）。

第四步：前夹花高下数尺寸调整，前后幅夹花高相等，前夹花高的尺寸可以从后幅复制。

第五步：前袖尾缝位下数尺寸调整，一般情况下，前袖尾缝位比后袖尾缝位长1cm，所以实际前袖尾缝位下数尺寸调整的方程式为：实际后袖尾缝位+cm（1）。

第六步：前领夹花高下数尺寸调整，将光标放在前领口弧线上，当变成红色时，单击右键，选择"新增交点"，在前领口弧线上增加一个交点，然后将实际前领阔（领宽）尺寸复制给两个新增的交点。接下来，将光标放在前领底平位的一个点上，当新增交点变成红色时，点击右键，选择"新增直上方程式"，用光标指示线连接领底平位的点和新增交点，单击左键，弹出"方程式设定"对话框，输入前领夹花高下数尺寸调整方程式：（实际前领阔+实际前领底平位）/2+cm（1），点击确定，如图7-1-26所示。

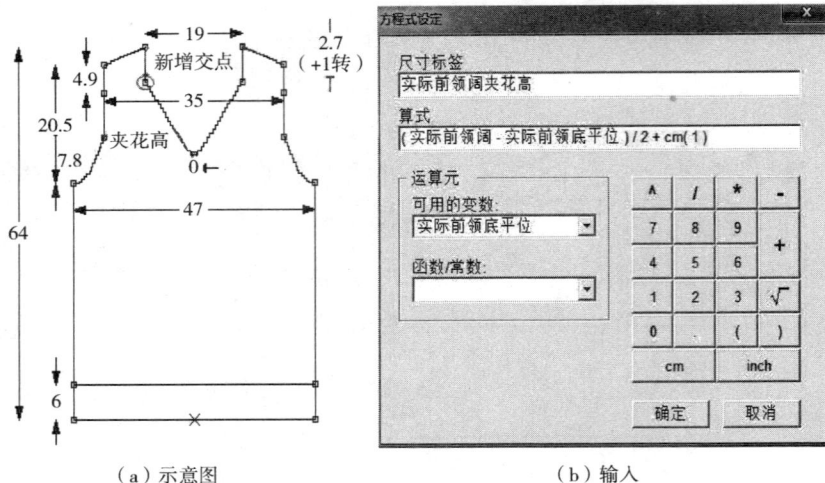

（a）示意图　　　　　　　　　（b）输入

图7-1-26　前领夹花高下数尺寸调整方法

（五）下数工艺调整

下数工艺调整是指毛织服装在编织过程中相关编织工艺的调整，以确保毛织服装能够正常编织，并达到理想效果和理想编织效率。下数编织工艺调整一般遵循"从后幅—前幅—袖子，从下至上"的顺序，逐步进行调整。调整的内容包括编织方式、加减针方法、记号标注、造型调整等。

四、下数工艺调整

（一）下数后幅工艺调整

后幅下数工艺调整的部位包括衣身下脚（下摆位置）、夹花高（袖窿弧线部位）、袖窿直位、肩部、衣领，如图7-1-27所示。

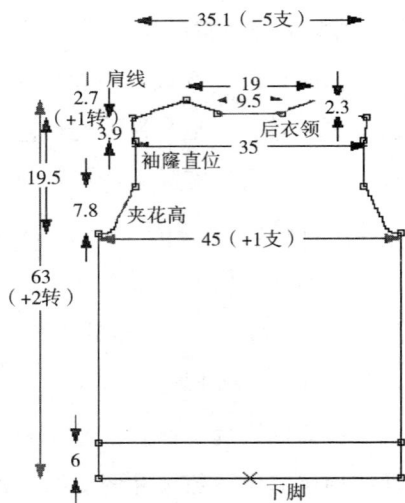

图7-1-27　毛织服装下数工艺调整部位示意图

通常根据产品可分为以下几个步骤（环节）。

第一步：下脚（下摆）下数工艺调整。将光标放在下脚宽指示线上，当变成红色时，单击右键，选择"修改下数"，弹出图7-1-28所示的对话框，选择或输入红色框内的信息资料。下脚罗纹"面1支包"是指左右两边都是面组织，"底1支包"是指左右两边都是底组织，"斜1支"是指左右两边一个面组织一个底组织，具体选择根据实际需要。"结上梳"是指编织的第一行度目较小，比较紧，具体上梳形式根据实际需要选择，一般情况选择"结上梳"。

"圆筒1转"是指以圆筒组织作为起针方式，这样织片的开始较圆顺。"2条毛"是指使用两股纱线进行编织，具体需要多少股纱线进行编织，根据具体款式需要而定。"2×1"是指后幅袖口罗纹使用"2×1"组织。红色框以下的参数信息根据实际需要进行勾选，相

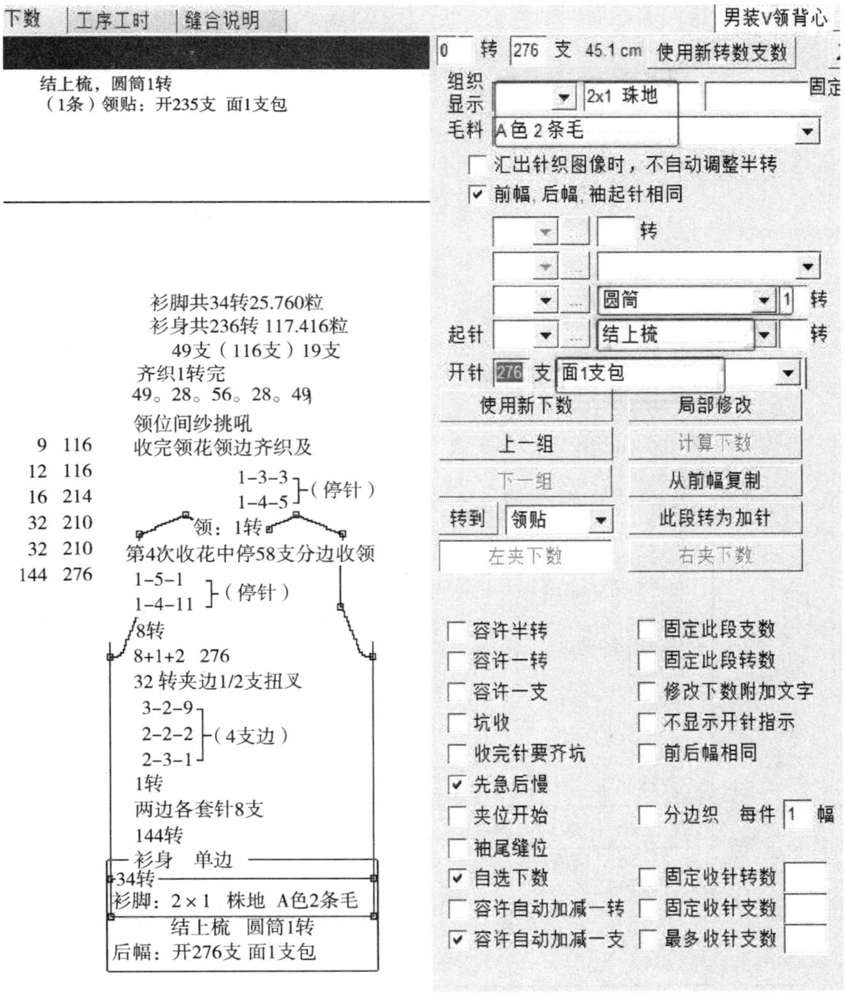

图7-1-28　后幅下数尺寸调整方程式

关信息参数设置好后，点击"使用新下数"，表示下数工艺调整完毕，下数工艺相关参数可以根据实际需要随时进行更改。

第二步：夹花高（袖窿弧线）下数工艺调整。下脚下数工艺调整好后，连续点击"上一组"，直到下数工艺调整位置转移到"夹花高"位置（显示红色），开始调整下数工艺相关参数。因侧缝位置属于正常编织，没有特殊工艺要求，所以可以直接跳过。"夹花高"位置的下数工艺调整主要解决收针的问题，为了确保收针后，袖窿弧线结构更合理而且弧线显得更圆顺，需对收针方式进行调整。

如图 7-1-29 所示，32 转需收掉 33 支针。具体收针方法是：先套收 8 针，织 1 转后

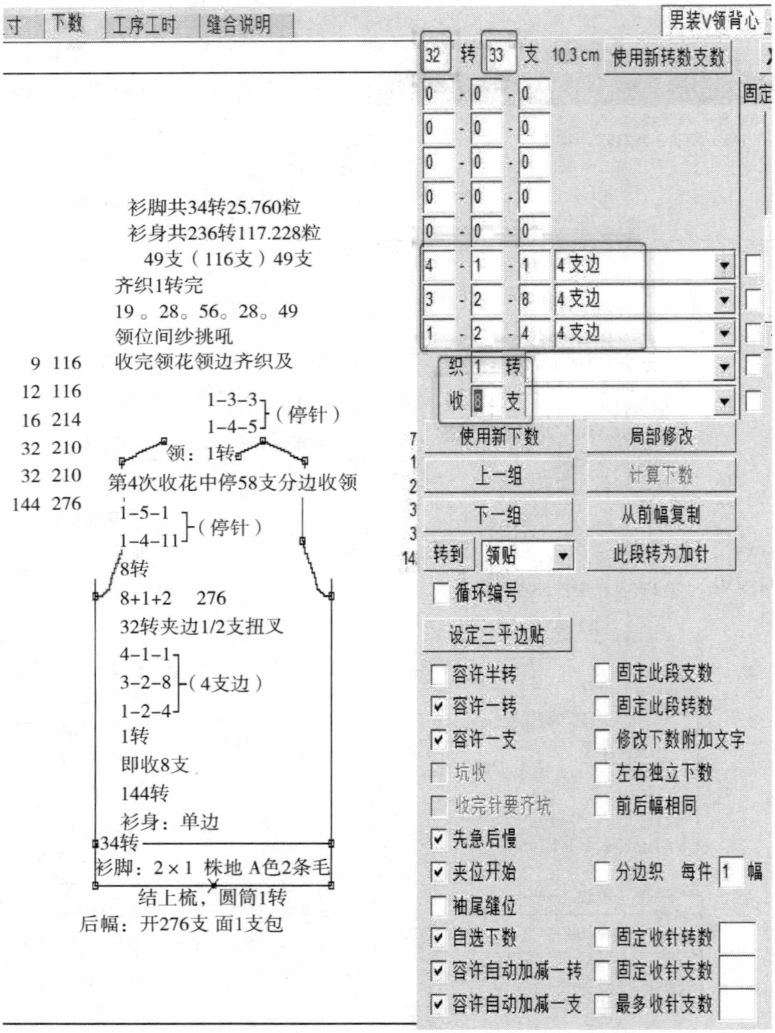

图 7-1-29　夹花高收针方式下数工艺调整

收夹花，1转收2支收4次（1-2-4），3转收2支收8次（3-2-8），4转收1支收1次（4-1-1），"4支边"是指最边缘留4支使用纬平组织进行编织，以方便缝盘。点击"使用新下数"，袖窿弧线的造型被调整。

第三步："袖窿直位"下数工艺调整。点击上一组，"袖窿直位"标识线显示红色，开始调整下数工艺。因为"袖窿直位"没有涉及收针或放针，只涉及后袖尾缝位的对位记号，所以织32转后勾选"先织后1/2支扭叉"，即用2绞1绞花组织作为后袖尾缝位的缝盘对位记号，如图7-1-30红色框设置所示。

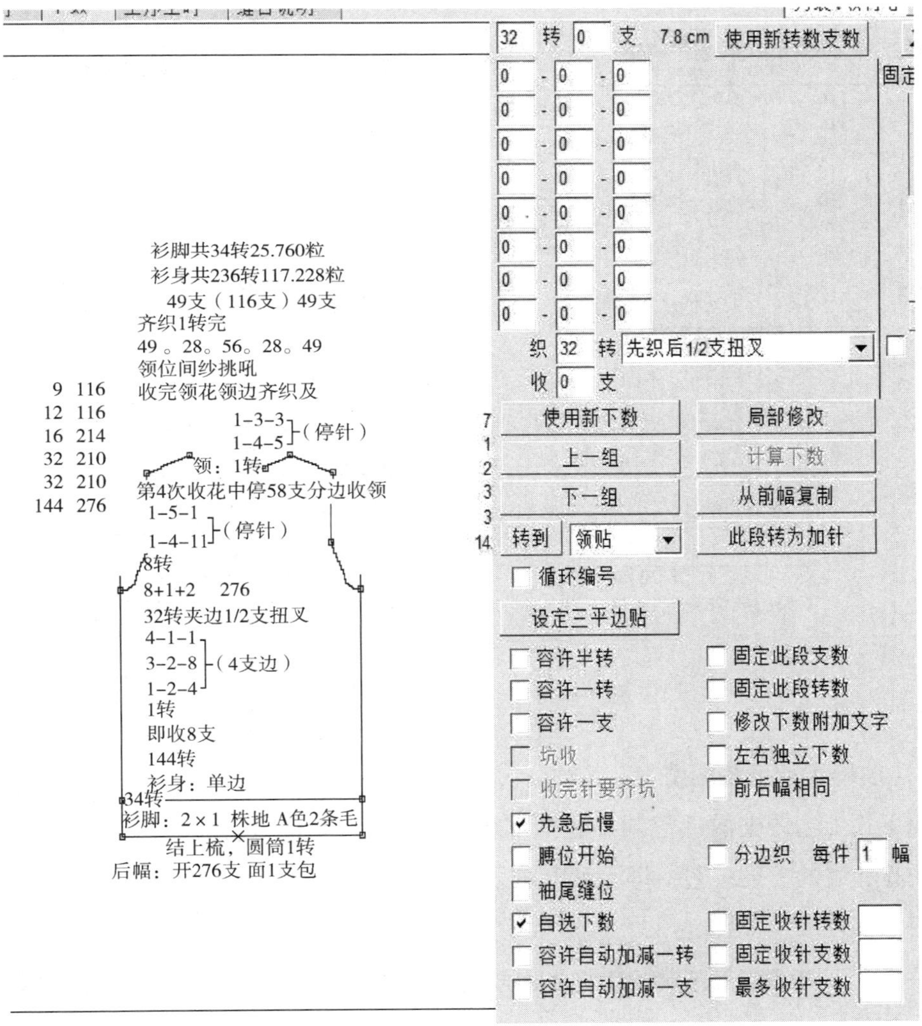

图7-1-30　"袖窿直位"下数工艺调整

第四步：肩部下数工艺调整。点击"上一组"，直到肩线显示红色，调整下数工艺。这里的肩斜使用"铲膊（停针）"做法，即使用铲针的方式调整肩斜的造型，其下数工艺调整如图7-1-31红色框内参数设置所示。

第五步：领口下数工艺调整。在调整领口下数工艺之前，首先通过点击"上一组"将调整的部位移到后领底平位，当后领底平位指示线显示红色时，勾选"收假领"，如图7-1-32所示。接下来点击"下一组"，将下数工艺调整部位转移到后领口弧线位置，当显示红色时，调整下数工艺，如图7-1-33所示。"无边"是指不用留边，因为领贴采用包缝的形式。

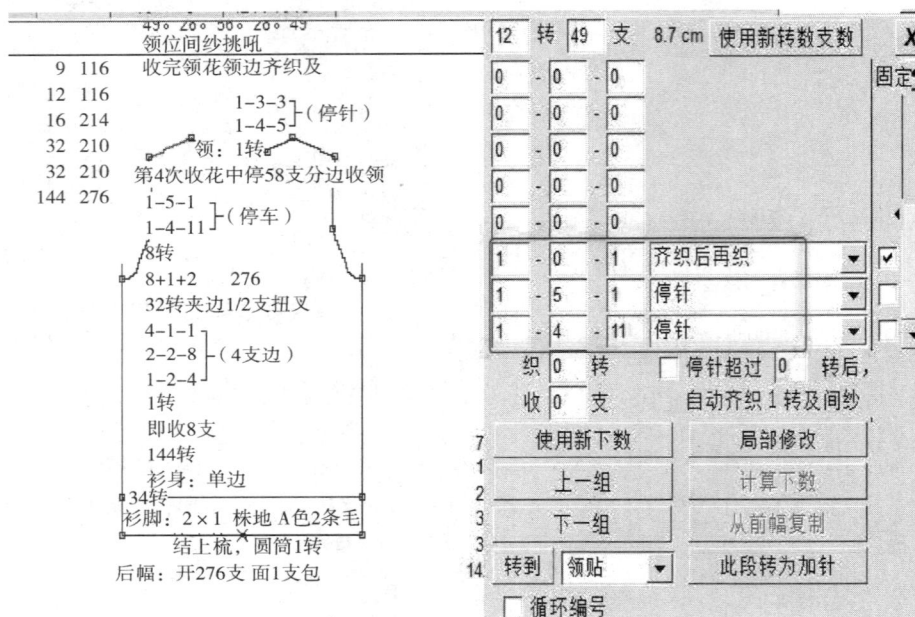

图7-1-31　肩部下数工艺调整

（二）前幅下数工艺调整

前幅下数工艺调整的部位同样包括下脚（下摆）、夹花高、袖窿直位、肩部、衣领。其中夹花高和肩的下数工艺一样，可以通过点选"从后幅复制"来完成。前幅下数工艺调整的步骤如下：

第一步：下脚下数工艺调整。将光标放在下脚指示线上，显示红色时，点击右键，选择"修改下数"，设置相关的参数，如图7-1-34所示。

因为后幅开针选择的是"面1支包"，所以前幅应该选择"底1支包（边针为底针）"，这样下脚罗纹的组织结构才是完整的循环，其他的参数设置与后幅一样，详见

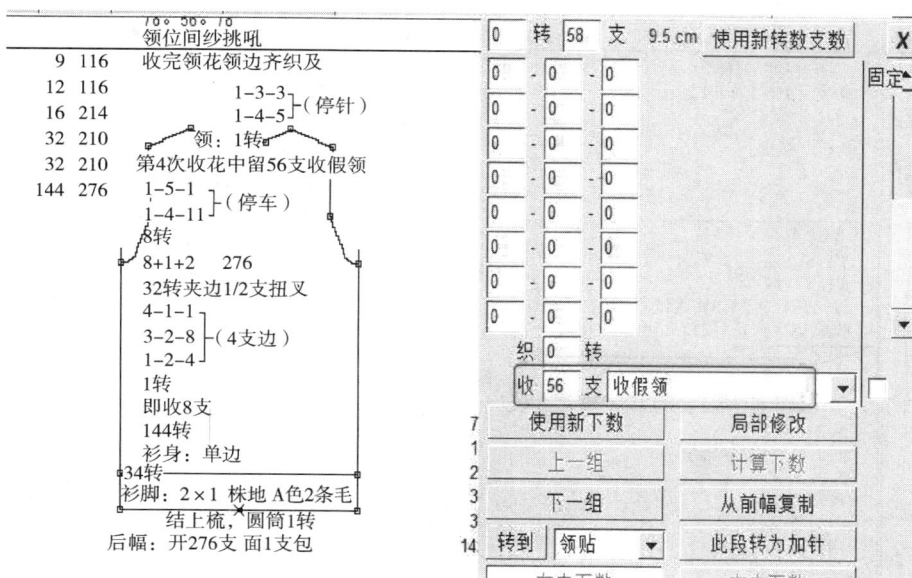

图 7-1-32　后领底平位下数工艺调整

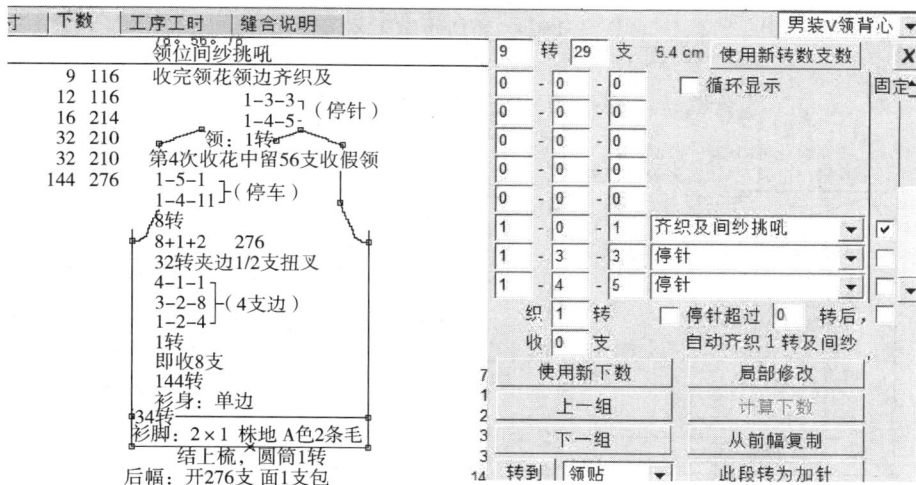

图 7-1-33　后领口弧线下数工艺调整

图 7-1-34 红色框内的参数设置。

第二步：前幅侧缝下数工艺复制。因为前后幅侧缝的尺寸和制作工艺相同，前幅侧缝的下数工艺可以从后幅复制，即通过点选"从后幅复制"来实现，如图 7-1-35 所示。

同理，袖窿直位、肩部的下数工艺都可以从后幅复制，即同样通过点选"从后幅复制"来实现。

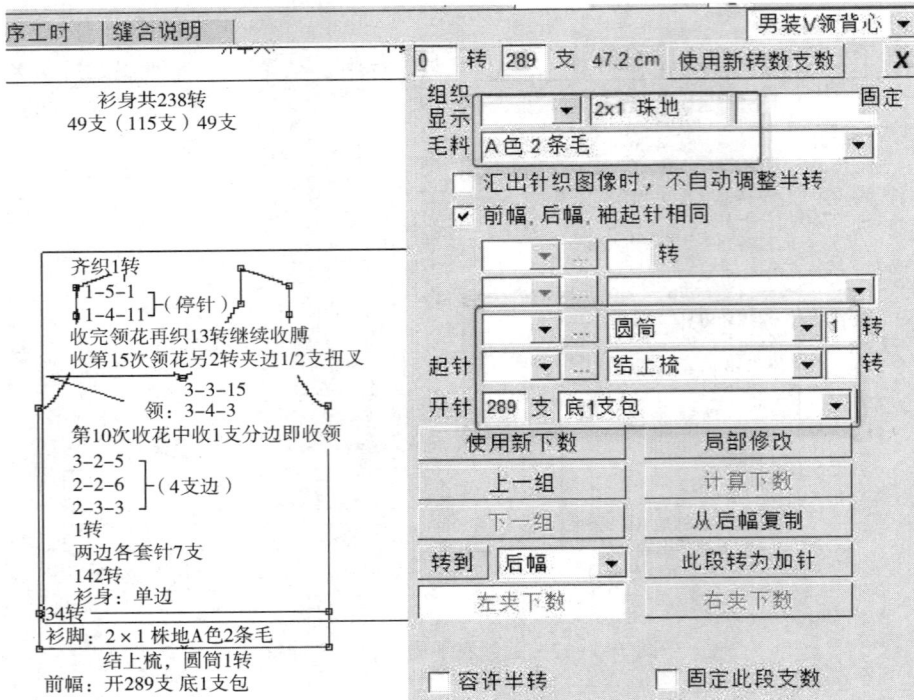

图 7-1-34　下脚下数工艺调整

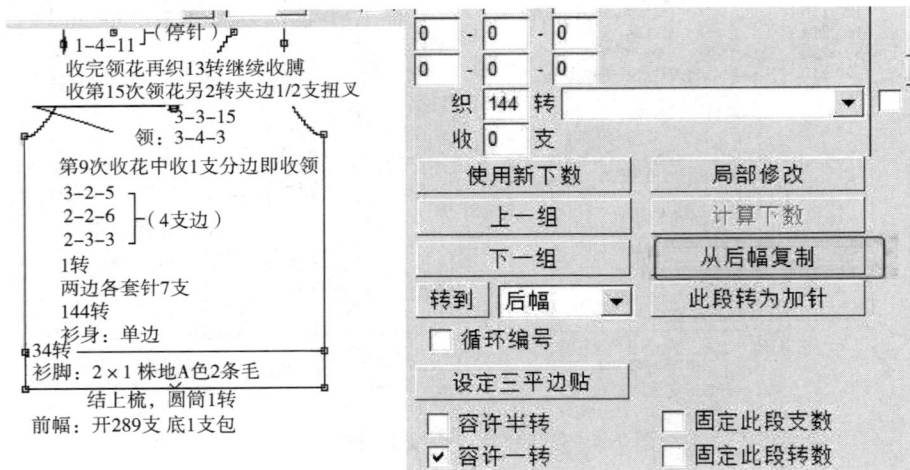

图 7-1-35　前幅侧缝下数工艺调整

第三步：前幅夹花高下数工艺调整。点击"上一组"，将下数工艺调整部位转移到夹花高位置，对相关的参数进行设置，如图 7-1-36 所示。

一般情况下，收针的段数越多，弧线越圆顺。根据这一原则，圆顺的风格与非圆顺的效果可以依靠收针段数和收针的频率调整。前袖窿直位和袖尾缝位没有涉及特殊的制作工

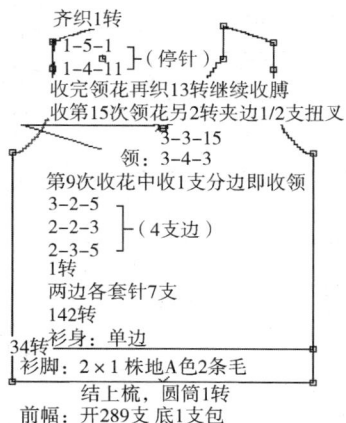

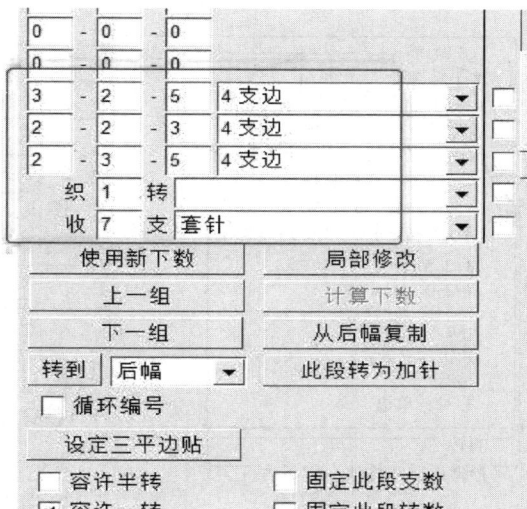

图 7-1-36 前幅夹花高下数工艺调整

艺，遵循系统默认参数。

第四步：前衣领下数工艺调整。首先将调整部位移到前领底平位，当显示红色时，调整相关参数。领底平位宽 1 支针，选择"落梳收领"，如图 7-1-37 所示。单击"下一组"，将下数工艺调整部位移到衣领弧线部位，调整相关的参数，如图 7-1-38 所示。

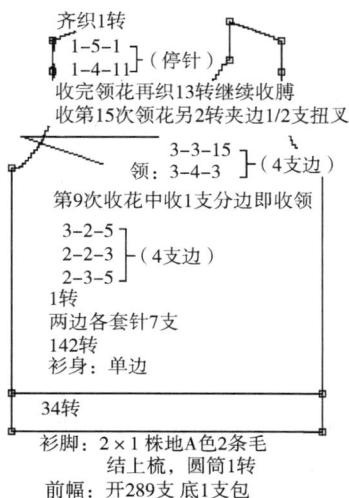

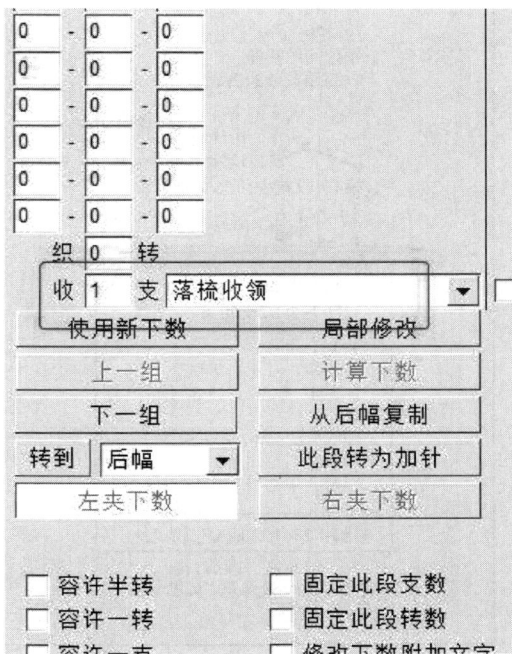

图 7-1-37 前领底平位下数工艺调整

189

齐织1转
1-5-1
1-4-11 }（停针）
收完领花再织13转继续收膊
收第15次领花另2转夹边1/2支扭叉
3-3-15
领：3-4-3 }（4支边）
第9次收花中收1支分边即收领
3-2-5
2-2-3 }（4支边）
2-3-5
1转
两边各套针7支
142转
衫身：单边
34转
衫脚：2×1株地A色2条毛
结上梳，圆筒1转
前幅：开289支 底1支包

0	-	0	-	0	
0	-	0	-	0	
3	-	3	-	15	4支边
3	-	4	-	3	4支边

织 0 转
收 0 支

使用新下数　　局部修改
上一组　　计算下数
下一组　　从后幅复制
转到 后幅　　此段转为加针
□ 循环编号
设定三平边贴
□ 容许半转　　□ 固定此段支数
□ 容许一转　　□ 固定此段转数

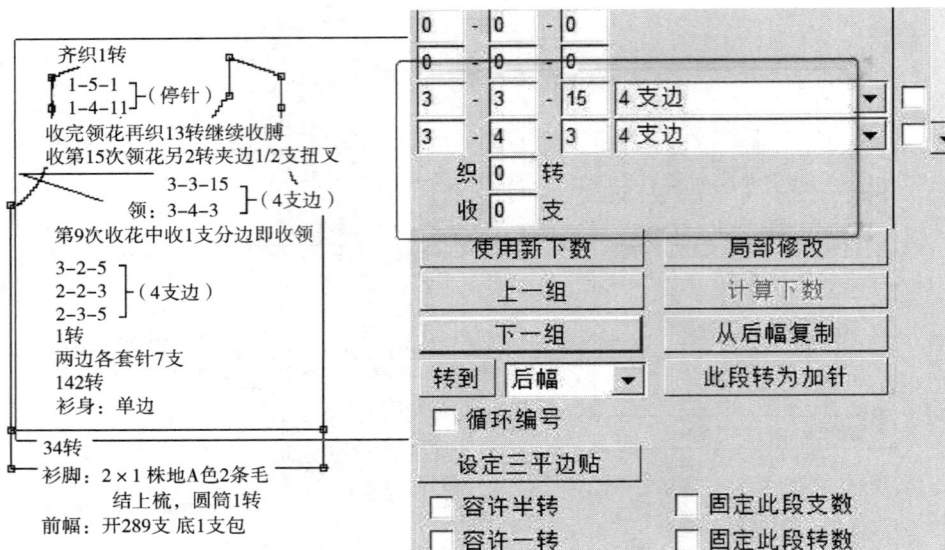

图 7-1-38　前领口弧线下数工艺调整

下数工艺调整完后，将自动生成制版工艺单，如图 7-1-39 所示。

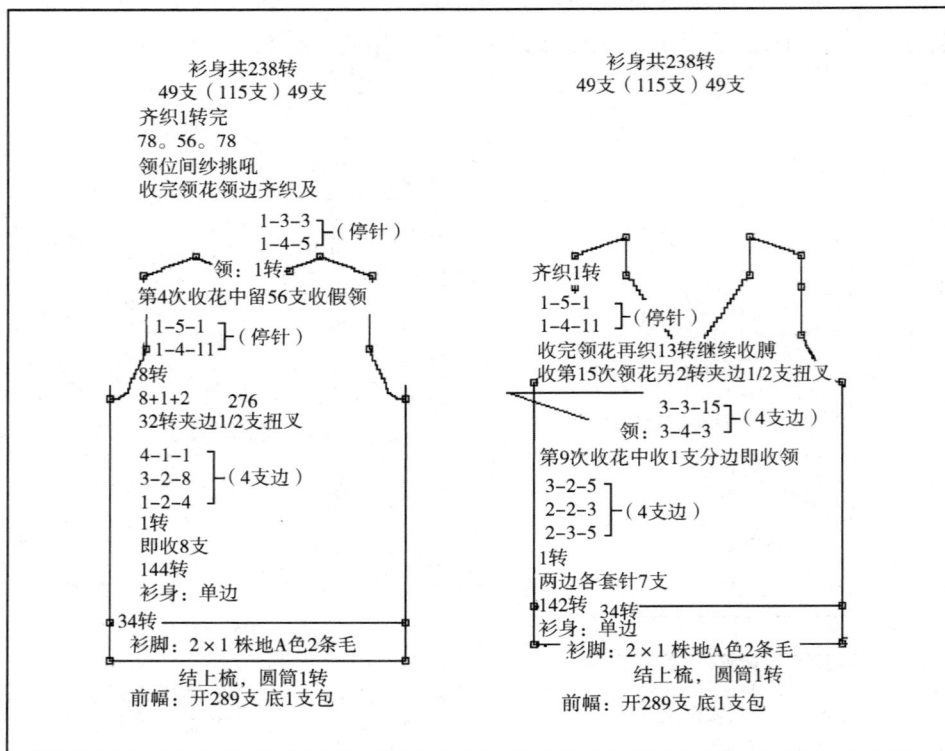

衫身共238转
49支（115支）49支
齐织1转完
78。56。78
领位间纱挑吼
收完领花领边齐织及
1-3-3
1-4-5 }（停针）
领：1转
第4次收花中留56支收假领
1-5-1
1-4-11 }（停针）
8转
8+1+2　276
32转夹边1/2支扭叉
4-1-1
3-2-8 }（4支边）
1-2-4
1转
即收8支
144转
衫身：单边
34转
衫脚：2×1株地A色2条毛
结上梳，圆筒1转
前幅：开289支 底1支包

衫身共238转
49支（115支）49支
齐织1转
1-5-1
1-4-11 }（停针）
收完领花再织13转继续收膊
收第15次领花另2转夹边1/2支扭叉
3-3-15
领：3-4-3 }（4支边）
第9次收花中收1支分边即收领
3-2-5
2-2-3 }（4支边）
2-3-5
1转
两边各套针7支
142转　34转
衫身：单边
衫脚：2×1株地A色2条毛
结上梳，圆筒1转
前幅：开289支 底1支包

图 7-1-39　制版工艺单

第二节　花型文件工艺

一、花型文件下数工艺单输入

（一）后幅下数工艺录入

打开制版系统，新建文件，点击工艺单图标 ⚉，弹出"成衣设计"界面，按照衣身下数工艺单的详细资料逐一进行录入，首先录入衣身后幅，信息资料如图7-2-1所示。

在录入资料时，遵循"从下至上"的原则，即首先录入衫脚的下数信息，然后往上逐一将相关的信息资料录入。

1. 衫脚下数信息

选多系统；前落布；起始针输入276；起始针偏移0；废纱转数4；罗纹转数34；空转高度1.5；罗纹类型2×1；普通编织。

2. 衫身下数信息

选择左大身，输入：144-8-1；1-2-4，4；3-2-8，4；4-1-1，4；32-0-1，扭叉；0+1+1；8+1+2；8-4-1；1-4-10；1-5-1；1-0-1。

检查准确无误后保存资料，如图7-2-2所示。

3. 录入后幅衣领的下数信息资料

选择左V领，输入：1+4+5；1+3+3。如图7-2-3所示。

（二）前幅下数工艺录入

1. 衫脚下数信息

选多系统；前落布；起始针输入289；起始针偏移0；废纱转数40；罗纹转数34；空转高度1.5；罗纹类型2×1；普通编织。

2. 衫身下数信息

选择左大身，输入：144-7-1；1-3-1，4；2-3-4，4；3-2-5，4；29-0-1，扭叉；

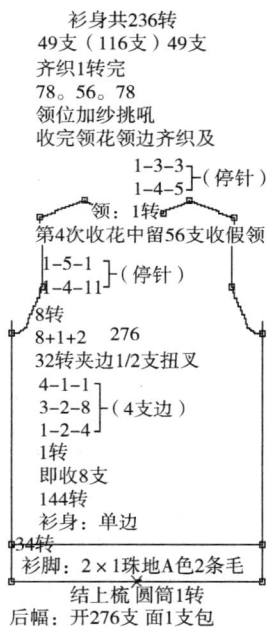

衫身共236转
49支（116支）49支
齐织1转完
78。56。78
领位加纱挑吼
收完领花领边齐织及
1-3-3 （停针）
1-4-5
领：1转
第4次收花中留56支收假领
1-5-1 （停针）
1-4-11
8转
8+1+2　276
32转夹边1/2支扭叉
4-1-1
3-2-8 （4支边）
1-2-4
1转
即收8支
144转
衫身：单边
34转
衫脚：2×1珠地A色2条毛
结上梳 圆筒1转
后幅：开276支 面1支包

图7-2-1　后幅下数工艺信息资料

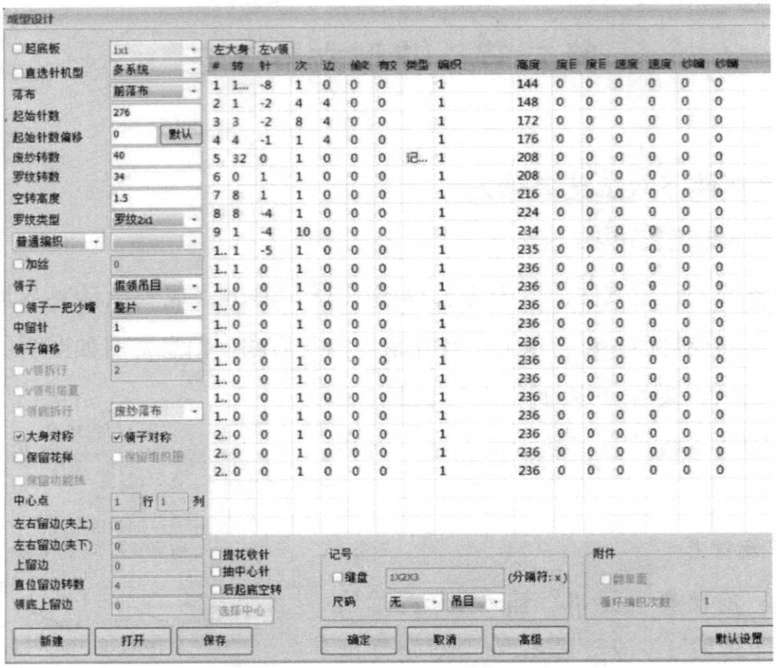

图 7-2-2　后幅衫脚罗纹、后衣身下数信息录入

图 7-2-3　后衣领下数信息录入

23-4-1，铲针；1-4-1；1-5-1。如图 7-2-4 所示。

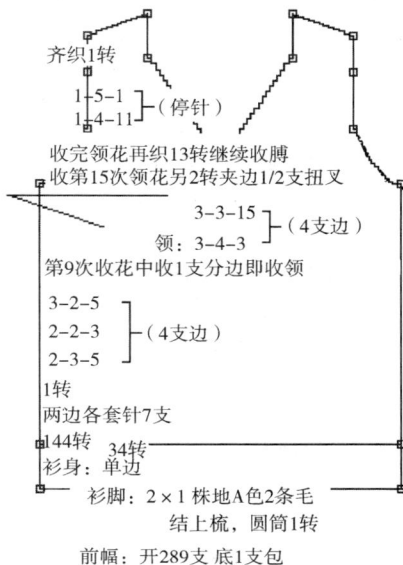

（a）前幅下数工艺信息资料

（b）前幅衣身下数资料录入与注解

图 7-2-4　前幅衣身下数工艺信息资料录入

3. 录入前幅衣领的下数信息资料

选择左 V 领，输入：3+4+3；3+3+15；13+0+1；12+0+1。如图 7-2-5 所示。

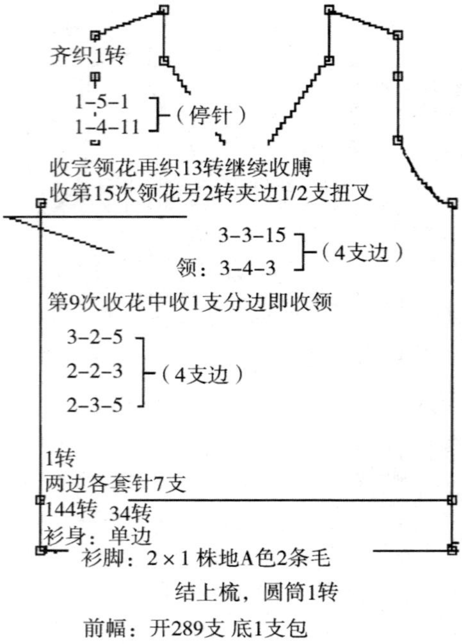

齐织1转

1-5-1
1-4-11 }（停针）

收完领花再织13转继续收膊
收第15次领花另2转夹边1/2支扭叉

3-3-15 }（4支边）
领：3-4-3

第9次收花中收1支分边即收领

3-2-5
2-2-3 }（4支边）
2-3-5

1转
两边各套针7支
144转　34转
衫身：单边
衫脚：2×1株地A色2条毛
结上梳，圆筒1转
前幅：开289支 底1支包

（a）前幅下数工艺信息资料

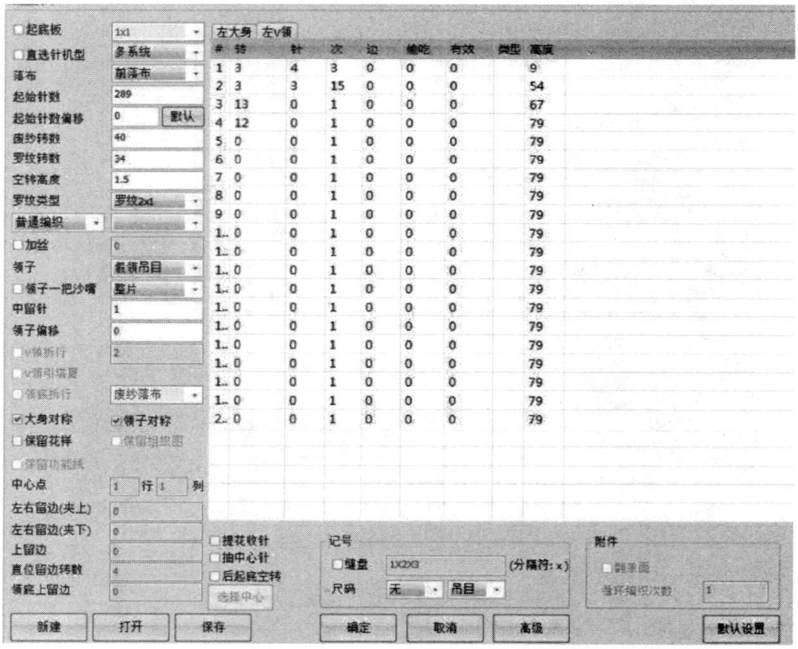

（b）前幅衣领下数资料录入与注解

图 7-2-5　前幅衣领下数工艺信息资料录入

二、花型文件生成

下数工艺单相关信息资料录入到"成衣设计"信息栏后，点击确定，将自动进入到制版界面，并生成花型文件。

（一）毛衫前幅花型文件

1. 花型文件自动生成

前幅下数工艺单相关信息资料录入完毕后，点击确定，将自动生成花型文件，如图7-2-6所示。

2. 花型文件调整

自动生产的花型文件在编织工艺上可能还存在不理想的地方，需对编织工艺进行调整。前幅主要对袖窿弧线收针的位置进行工艺调整，一般情况下，为了确保收针质量，同时收2支"偷吃1支"，同时收3支"偷吃2支"，如图7-2-7所示。

图7-2-6　毛衫前幅花型文件示意图

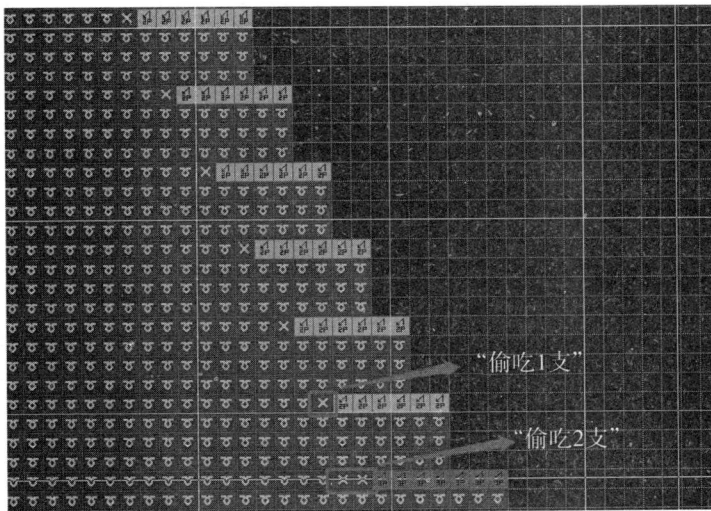

图7-2-7　毛衫袖窿收针部位工艺调整

3. 花型文件解析

（1）废纱及下摆部位编织工艺解析：起底通常用假四平组织，也称为"鸟眼"，为了方便拆废纱，拆废纱行一般用单边组织，且间隔两列留一列不编织。"空转高度"属于圆筒组织，为使罗纹口更有弹性，系统会自动处理"二隔一"空针，即编2支空1支。下摆罗纹使用 2×1 罗纹组织，如图 7-2-8 所示。

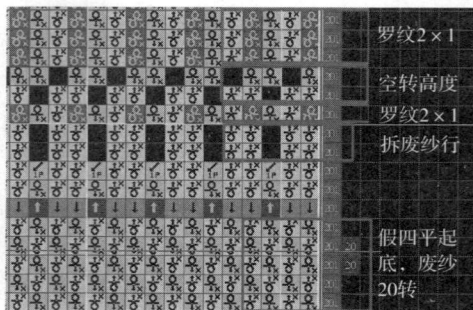

图 7-2-8　废纱及下摆部位工艺解析

（2）袖窿底套针部位编织工艺解析：套针也称为"平收"，按照下数工艺编织要求，袖窿底平位左右两边各套 7 支针。在"成型设计"菜单栏，点选"高级"，点击"其他"选项，然后在"套针方式"下拉菜单中，选择"双针（1）"，也就呈现图 7-2-9 所示"双针套针"模式，这是常用的做法。在套针过程中，为了方便套针线圈牵拉，通常在织片边缘增加一支针，套完 5 支针后，然后把新增加的 1 支针通过"落布"的方式落掉。

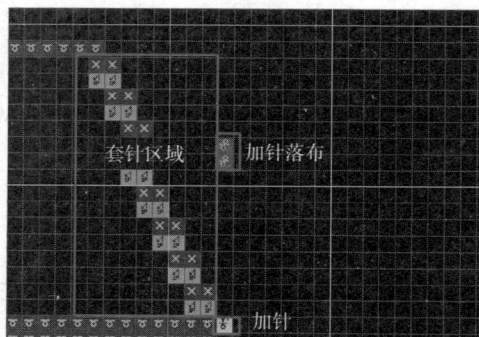

图 7-2-9　袖窿底套针部位编织工艺解析

（3）领口、肩斜部位花型文件解析：肩斜在铲针过程中，制版系统会自动用 208 号色（前吊目）补一支针，以避免上下两行之间差 2 支针而出现"小洞"的现象，尤其使用粗针编织，"小洞"会更明显。铲针结束后再编织（齐织）1 转，便于缝盘，后续用废纱进行落布。领口部位因为有领贴做包缝，所以做"假领"，用 208 号色（前吊目）做记号，做记号的目的是后续裁剪找准位置，如图 7-2-10 所示。如果领口没有领贴，不能做"假领"，而必须通过收针的方式来制作领口的造型。

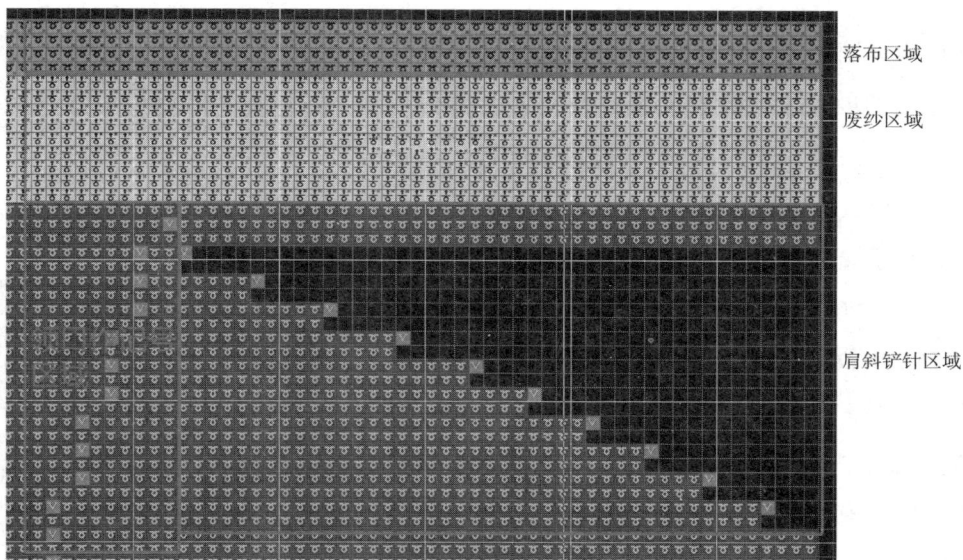

落布区域

废纱区域

肩斜铲针区域

图 7-2-10　领口、肩斜部位花型文件解析

（二）毛衫后幅花型文件

跟前幅一样，后幅下数工艺信息资料在"成型设计"菜单栏中输入结束后，点击"确定"，将会自动生成花型文件，如图 7-2-11 所示。

三、花型文件功能线设置

制版结束后，必须对"功能线"进行设置，"功能线"常用设置的项目包括节约、度目、速度、纱嘴、结束等。

1. 节约设置

"节约"通常表示编织重复的次数，用数字表示。如图 7-2-12 所示，"节约"设置的参数为"20"，表示旁边的"假四平组织"连续编织20 次。一般情况下系统会进行默认设置，实际生产还需考虑多种织物组织特性。

2. 度目设置

"度目"是指在编织过程中线圈松紧程度，度目数值越大，线圈越松；度目数值越小，

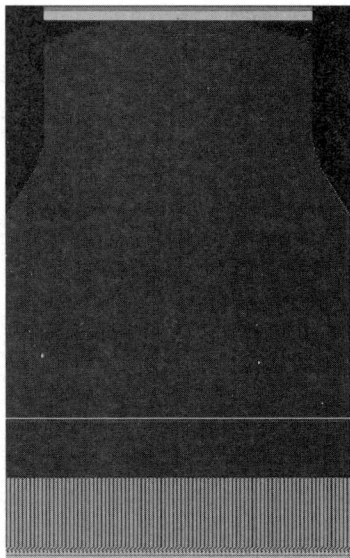

图 7-2-11　毛衫后幅花型文件示意图

线圈越紧。

在琪利等制版系统中，一般根据编织的具体要求对编织行的度目进行分段设置，每一段代表不同的度目值，然后再在电脑横机的操作面板中分别给每一段度目设置具体的数值。

图 7-2-12　节约设置

度目分段设置如图 7-2-13 所示，图右边的数字"1、3、4、5、6"分别代表不同编织行度目分段，"1"代表第 1 段，在电脑横机操作面板中，可以分别给第 1 段、第 3 段、第 4 段、第 5 段、第 6 段设定度目数值；数字"23"表示翻针度目，也可以在电脑横机操作面板中，给"第 23 段"度目设置相应的翻针度目数值。

度目设置根据不同软件和工艺要求进行，同时结合实际使用不同原料特点掌握一定的经验。

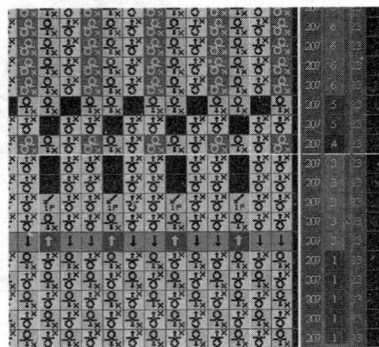

图 7-2-13　度目设置

3. 速度设置

"速度"表示电脑横机编织的快慢，一般在电脑横机操作面板上直接输入相应数值。速度值在 0~100，数值越大，机头越快；数值越小，机头越慢。正常工作速度约为 80，若有翻针动作，速度应慢一些。

速度功能线中的数字"1，3，4，5，6"分别代表不同编织行速度分段，"1"代表第 1 段，在电脑横机操作面板中，可以分别给第 1 段、第 3 段、第 4 段、第 5 段、第 6 段设定速度数值；数字"23"表示翻针速度，也可以在电脑横机操作面板中，给"第 23 段"速度设置相应的翻针速度数值。

4. 纱嘴设置

如图 7-2-14 所示，数字"1"和"3"分别表示第 1 把纱嘴和第 3 把纱嘴，通常情况下系统默认第 1 把纱嘴带废纱，第 3 把纱嘴带主纱，具体纱嘴的设置在功能线 215 第一列上进行设置。

方法：在花型行的 215 功能线第 1 列上用色码画上，"1"号色表示 1 号纱嘴，"2"号色表示 2 号纱嘴，依次类推。

5. 结束设置

"结束"表示编织结束行的设定，结束行设定好之后，电脑横机编织完结束后将会自

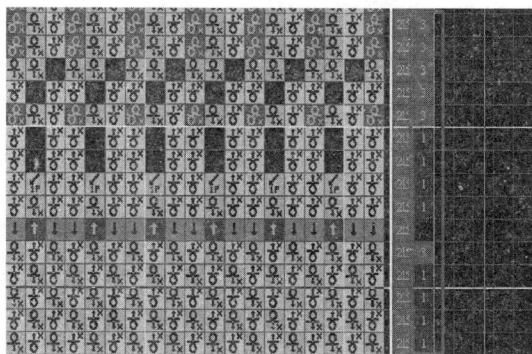

图 7-2-14　纱嘴设置

动停止编织。结束行设定一般在结束行右边添加 1 号色码表示，如图 7-2-15 所示。

图 7-2-15　结束设置

参数设置完成后，进行编译，如果没有问题则花型文件制作完成。

第八章 织疵常规处理

根据织疵发生的概率、织疵对于最终织物质量的影响和日常操作应当重视的程度，横机编织疵点可分为常见疵点和疵点两大类。根据生产工作实际，横机编织疵点的判定分为常规判定和针对性判定两大类。常规判定是沿用针织行业纬编生产的基本方法和疵点的分类方法，进行疵点的判定并采取相应的常规管理措施。针对性判定是根据横机生产的特殊性和特殊产品生产的要求，对疵点进行判定并采取更有针对性的管理措施。

第一节 常见织疵

常见织疵包括漏针、花针、破洞、针路、断纱、破边、油针、针圈不匀等，是需经常性处理的疵点，常规疵点发生的原因具有一致性。根据不同品种和产品品种要求，质量管控要求存在差异。

一、漏针

编织过程中纱线未成圈，而出现的线圈脱散现象称为漏针。通常是由于针舌没有钩到纱线，或纱线成圈过程中脱出针钩而造成。双面织物还分里漏针、外漏针，织物实用内面的漏针为里漏针，外面的漏针为外漏针（图 8-1-1）。

1. 产生的主要原因

纱线张力不佳或不准确，喂纱或者纱路不当不畅，成圈机件配合欠佳或者工作失误，三角装置等磨损或者状态不良，选针不正确或不准确，

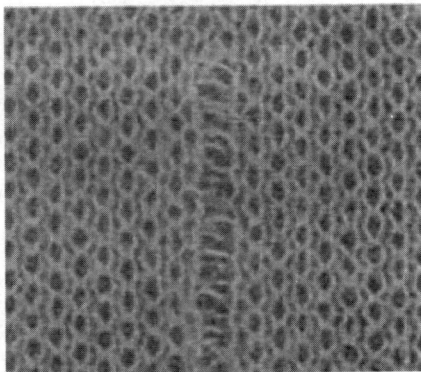

图 8-1-1 漏针

辅助机件工作不良，机械振动等。

2. 基本处理方向

调节编织时纱线张力与纱路配置，调节成圈机件并考察机件磨损情况，调节相关机件和辅助机件的工作状况，调节车间生产的工作温湿度状况等（表 8-1-1）。

表 8-1-1　漏针产生原因及处理方法

产生原因	处理方法
纱线质量差，强力低	降低送纱张力或换纱，或过储纱器，重新过蜡
纱线间有交叉、纠缠现象	将纱线理顺重穿
编织纱线张力过大、过小或纱线过硬	调整送纱张力，调整输线量或弯纱深度，调整卷布张力，纱线重新过蜡
纱嘴位置不佳，离针舌太高、太低、过里、过外	调整纱嘴位置
纱嘴出现磨损	调换合格的喂纱嘴
纱嘴在天杆上行走不灵活	调整乌斯座，并校对喂纱嘴位置
纱线被其他机件夹住	将机件调整好
毛刷位置不当或毛刷太薄	调整毛刷位置或更换毛刷
罗拉拉力太小	加大罗拉拉力
压针条太紧	检查压针条并调整
选针器故障	修理选针器或调节选针器参数
针舌呆滞、不灵活	清洁针床及周围，消除积垢，加油
织针针舌歪斜，局部损坏，严重不灵活	更换新针
针槽不干净或有异物	清洁针槽
针槽太松或太紧导致织针不能正常工作	修理针槽
沉降片三角与三角相对位置不正确，退圈时发生织针穿过旧线圈的现象	调整沉降三角与织针三角的相对位置
沉降片工作失误或功能缺失（未开启或太大，压针太深）	更换为主
张力弹簧发抖严重	调整或更换
机械抖动	检修机械传动部件与机器底脚
度目三角有问题	磨砂抛光
度目太紧或太松	度目调节到合适标准
选针板故障	修理或更换选针板

二、花针

织物中无规则地出现大小或者形状不一的线圈，严重影响织物的平整性，影响花纹的准确（图 8-1-2）。

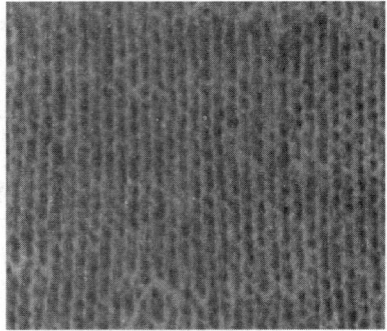

图 8-1-2　花针

1. 产生的主要原因

个别织针在编织成圈过程中退圈不足或脱圈不足（包头）而造成，花针产生原因表现形式很多，可能由于成圈机件及其他相关机件造成，也可能由于纱线质量问题产生。

2. 基本处理方法

针对第一原因（成圈与纱线），第二原因（相关机件和辅助环节），按照织物的质量档次要求处理（表 8-1-2）。

表 8-1-2　花针产生原因及处理方法

产生原因	处理方法
纱线质量问题，如不均匀、粗纱多等	调整或者换纱
织针磨损、损坏，针舌歪或工作失灵	换针
成圈机件调整不当或存在磨损，压针不足等造成编织不畅	调整或者更换
选针误差	更换选针机构或控制元件（包括软件）
编织织物牵拉力过小	适当调整牵拉
编织织物密度太紧	适当调整放松张力，调节沉降片位置，纱线打蜡
三角磨损导致织针错位	更换三角，并且调整
毛刷等操作工具上存在异物，影响操作	清洁、清理或者更换

三、破洞

在编织过程中由于纱线断裂而形成洞眼或类似洞眼的破损（图 8-1-3）。

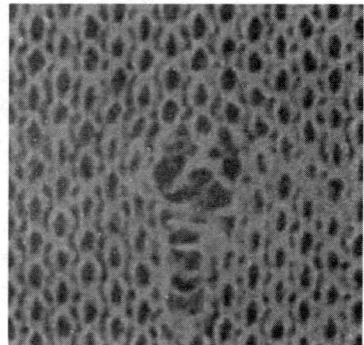

图 8-1-3　破洞

1. 产生的主要原因

由于纱线强度不足，纱线张力不合，纱线条干不匀，纱结、纱损伤等及针织损伤、机械机件质量等因素造成线圈在形成过程纱线断裂而产生。

2. 基本处理方法

从纱线的强度、均匀度以及与编织的适应性方面找原因，从织针质量、其他机件及编织的精细配合方面找原因，从编织各个环节的张力、相关调节（位置等）等方面找原因（表8-1-3）。

表8-1-3　破洞产生原因及处理方法

产生原因	处理方法
纱线条干不匀、结头过大等	调节结头探测片，增加探测灵敏度，防止大结头进入编织
纱线质量不佳，强度不够，摩擦过大，上蜡不匀	更换纱线或对纱线过腊、重新打蜡等
纱线张力不当	尽量降低纱线张力，上蜡可降低纱线的摩擦，更换纱线
纱嘴安装过低或过高，纱嘴口破裂	调节导纱器，更换
纱嘴喂纱口受异物堵塞	清除异物
喂纱与纱路部件安装不当或磨损	调整及维护
织针及机件等有毛刺	更新，维修
针舌损坏	更新
针床齿片锋利不光滑	磨砂抛光
成圈三角，三角轨迹或安装不精确使吃纱快慢不当或不一致；三角座等磨损	调整，维护或更新，必要时精细测试
纱线张力、弹性、延伸性等与组织不匹配	进行工艺调整
度目太紧或太松	加大或减小度目值
张力弹簧太硬	调整张力弹簧
机器速度太快	降低机器速度

四、针路（纵条纹）

织物表面有影响布面外观的纵向条纹，主要表现在某些纵条较为明显，或者某些纵条较为不明显（图8-1-4）。

1. 主要产生原因

针织工作状态不佳或有不同针混入，针槽变形或者存在异物，纱线输送局部不畅，在织物上某几个织针所形成的线圈过大或过小，在纵行方向出现明显的条纹，或者稀薄的条痕。

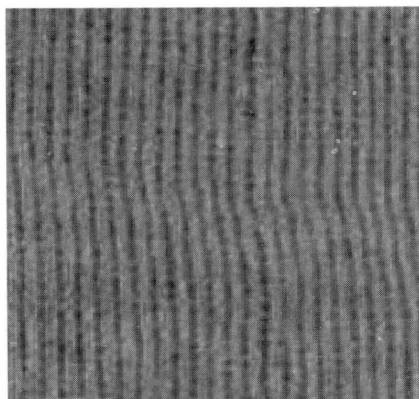

图8-1-4　针路

2. 基本处理方法

调节条纹所在织针的机件和纱线状况，观察调整处理后对于纹路的影响（表8-1-4）。

表8-1-4　针路产生原因及处理方法

产生原因	处理方法
针头大小、长短不一，前后左右歪斜	换针
织针偏向一边或不平直	调整或者更新
用错规格的针或针种不对	换针
沉降片磨损变形	更换
针槽有飞花等杂物堵塞	清理针槽
针槽紧或针槽宽窄不一	清理针槽

五、断纱

编织过程中纱线断裂，对于股线的断裂可根据不同的品种要求判定。

1. 主要产生原因

纱线质量不佳（强度、均匀度），纱线结头过大、强度不足，穿纱线路、度目不当以及纱嘴等环节质量问题造成。

2. 基本处理方法

接纱，更换纱线，调节纱线张力、路线，调整工艺参数（表8-1-5）。

表8-1-5　断纱产生原因及处理方法

产生原因	处理方法
纱线均匀度、张力、毛纱及纱线品种、规格不适合产品编织要求	更换纱线
纱线接头质量不佳	按照标准接纱
输纱系统故障或安装位置不当，或存在磨损	全面调节，或者更换机件
纱嘴位置不当影响喂纱和纱线输送	调整纱嘴
纱退绕时筒子成形不良	换纱
针槽有异物影响针移动	清理针槽
度目太紧	调节度目

六、破边（豁边）

针织物布边的线圈脱落或断纱而造成不平、脱散或糜烂。

1. 主要产生原因

纱线问题；送纱线路问题；机头问题；密度三角存在质量问题；度目太紧或太松，程序不合理等。

2. 基本处理方法

针对导纱环节、张力环节、编织环节中，单一或者组合的因素进行综合处理（表8-1-6）。

表8-1-6　破边产生原因及处理方法

产生原因	处理方法
导纱环节机件磨损、严重损坏或位置不当	调节或局部更换机件
导纱如轨滑座太松或松动	调紧或更换，紧固导纱轨固定螺栓
纱嘴距编织布边过远或过近，距离织片过远	调整导纱位置
纱嘴磨损，如有倒刺	磨光导纱器，或更换
天线架张力弹簧太软，压簧或夹板失灵、磨痕	调整张力弹簧螺丝，更换或调整
天线架张力弹簧穿线孔发毛	磨光穿线孔
侧挑线弹簧张力不够，余纱不能及时回缩	调节侧张力大小
毛刷过度磨损	整修毛刷，必要时需更换毛刷
毛刷位置不当，如太低，毛尖堵住纱嘴上口	调节毛刷位置，或剪短刷毛
回弹张力、钢丝弹力太小	加大弹簧张力
程序处理不合理	修改程序
机头松动	调整，紧固
织物门幅过大或过小	按照工艺调整
密度三角吃纱慢	维护调整
度目太紧或太松	调整度目

七、油针

织物存在局部油渍，由于针及其他机件存在油污导致编织过程中线圈呈现连续或者不连续污渍。

1. 主要产生原因

加油不当或量太多，织针与针槽等机件存在油污。

2. 基本处理方法

清除污渍（表8-1-7）。

表8-1-7 油针产生原因及处理方法

产生原因	处理方法
加油不当或量太多	适量加油，及时检查油量
纱线触及润滑部位，沾上油污	适当调节纱路及导纱位置
输油环节溢油或漏油	检修，必要时更换零部件
成圈机件配合不当而针槽紧，摩擦加剧造成油污	适当调节机件
织针等机件或纱线通路长久沾染油污	清洁织针等机件
维护保养过程残余油污	及时清除

八、针圈不匀

线圈大小或者形状不一致造成织物表面不平整或者纹路等不清晰，针圈不匀分为同一横列内针圈不匀和上下横列线圈不匀两种。

1. 主要产生原因

编织三角由于位置不精确等原因造成工作不当、不同系统的弯纱存在差异等因素。

2. 基本处理方法

从三角工作状况出发，检查三角位置、磨损及其他相关情况，选针、编织等相关机件配合情况以及纱线配置情况（表8-1-8）。

表8-1-8 针圈不匀产生原因及处理方法

产生原因	处理方法
三角座松动	旋紧螺钉
导向三角螺钉松动影响密度三角上下移动	旋紧螺钉，适当调节
密度三角驱动机构卡死，调节深度不一	检查或调整，度目补正
弯纱三角擦着针床引起不灵活，三角两头螺钉松动	砂磨，旋紧螺钉
纱线质量问题或不匹配	更换纱线
选针片片踵断裂	更换选针片
选针器有故障	修理选针器
机头导轨弯曲，螺钉松动	校直，旋紧螺钉，整体调节

横机编织产生疵点的原因很多，多为综合因素，以上分析只是从局部角度分析一部分原因，解决部分问题。疵点种类较多，针对不同品种、不同成品的管控要求、不同工艺流

程的重点质量监控要求，疵点的分析和判定方法有所侧重，有些疵点可能不做考核；有些疵点根据不同品种、不同花纹，考核的重点不同，但基本分析法一致。

第二节　其他织疵

其他织疵包括撞针、断针、长短边、针口织物上涌、脱布、飞花、横纹、三角针、吃单纱等。这类疵点发生的概率不高只是相对的，一旦发生大概率织疵，属于严重质量问题。疵点发生的原因与机台的总体状态不佳和局部存在较严重的质量问题甚至故障有关。

一、撞针

织针等在选针和运转等过程中产生的影响编织或者损伤机件各部位的撞击。撞针程度分为轻微、中等和严重，根据生产实际选择重点进行处理。撞针会损伤针床及三角等机件而造成连锁故障。

1. 主要产生原因

机件配合不当，编织张力过大，纱线相对针距太粗，机头等部件存在异物等，此外，外界因素也是诱因。

2. 基本处理方法

围绕针的配合和针的本身进行多环节处理，原因包含许多方面，是综合检修、调试的重点环节（表8-2-1）。

表8-2-1　撞针产生原因及处理方法

产生原因	处理方法
针床针槽异物，积垢	做全面的清洁工作
针床左右位置偏移	调节针床位置，检查针的零位
针槽坏，棱角起毛	修理
针槽太宽、太窄或针槽有凹凸	考虑匹配问题，维护
针在针槽中的位置不当	调整
针安装不准确，针托露出	调整
织针强度不足，容易损坏	更换织针

续表

产生原因	处理方法
针脚损坏弯曲	更换
纱嘴位置不正确	调整纱嘴位置
导纱位置不当	调整导纱位置
纱支使用不当	使用适当的纱支
三角部件起痕或损伤	更换，磨光
三角轨迹变形，走针面角度不当或磨损	更新
三角位置不当，间隙过大	调整
选针器损坏，选针没有回复到位	检查选针归位三角或更换选针器
探布针伸入针槽且失灵	修理
棱角之间接缝过大，过道太窄	调整
上下棱角位置对位不好	调整
长时缺油	增加加油次数
不织压片磨损	更换不织压片
度目太小	加大度目值
度目三角卡死或度目电动机螺丝松动、度目转盘转动不灵活	维修或更换
车速太高	根据工艺和生产状况等调整

二、断针

织针头部或上半部断裂，形成一条垂直的漏针。

1. 主要产生原因

织针由于碰撞等原因出现断裂或者严重破损，不能完成编织。

2. 基本处理方法

更换并进行相应调整（表8-2-2）。

表8-2-2　断针产生原因及处理方法

产生原因	处理方法
针太旧，针钩、针舌坏	换针
用错针	换针

产生原因	处理方法
个别针槽紧，织针运动困难	修理针槽
纱支问题，粗纱、大纱结或乱纱卡住针钩等	换纱
布架太紧，卷布张力过大	调整卷布张力
纱嘴位置不好	调纱嘴位置
选针器故障	更换
翻针位置不准	重新设置翻针参数

三、长短边

织片下机后，两边长短不一，或者在编织过程中出现两边长短不一致现象。

1. 主要产生原因

长短边产生的原因在于织片两边密度不匀，长的一边密度较小（松），短的一边密度较大（紧），用针数不符合工艺要求也是主要原因之一。

2. 基本处理方法

根据工艺要求严格调整（表8-2-3）。

表8-2-3 长短边产生原因及处理方法

产生原因	处理方法
部分织针松动（压针条不直）	校正压针条使之平直
针床左右存在高低、间距差异	调节一致
针床有凹凸不平整	调节顶针床螺栓或平整针床
针床栅状齿口钢丝不平直	修正，校对、校正
针床滑块螺钉松动引起针床移位	拧紧针床压紧螺钉，校准针床起始位置
机头导轨弯曲	校直
机头导轨螺钉松动	紧固螺钉
罗拉拉力太大	调整为适当的拉力

四、针口织物上涌

编织线圈没有成圈浮于前一行线圈之上，造成织物上涌。

1. 主要产生原因

纱线太粗或度目太紧，牵拉力太小，程序错误等。

2. 基本处理方法

围绕编织过程纱线张力、织物牵引以及辅助环节对织物的影响进行检查（表8-2-4）。

表8-2-4　针口织物上涌产生原因及处理方法

产生原因	处理方法
断纱	重新接好纱线
牵拉张力太小	加大牵拉张力
度目太紧或太松	增加或减小度目值
针舌损坏	换针
纱嘴安装太高	调整纱嘴
纱线太粗不适合当前针型	换纱线或换针型
程序错误	修改程序

五、脱布

编织过程不能连续进行，布匹局部或者整体脱挂，甚至脱离编织区。

1. 主要产生原因

对编织过程有较大影响的因素都可能造成脱布，如纱线张力不当、质量不佳、柔韧性和弹力不足，纱嘴高低位置不当、度目松紧不当等。与成圈机件也有一定关联，主要是针损坏未能正常工作。

2. 基本处理方法

在确保纱线张力和基本编织的前提下使编织继续进行，同时确保产品的基础质量，确保基础生产工艺等要求（表8-2-5）。

表8-2-5　脱布产生原因及处理方法

产生原因	处理方法
纱太油、太毛、太硬，存在质量问题	换纱，并做纱路、张力调整
翻纱不好，纱毛多	换纱，并做纱路、张力调整
成圈机件工作不稳定	调整或者更换
机台表面不清洁，飞毛堵住纱嘴	清理机台

续表

产生原因	处理方法
手指剪刀不好	修理
吸风口阻塞或气压太低	清理，测试，调节
坏针	更换
纱线张力总体不当	根据品种调整纱线张力
度目太紧或太松	分段调节度目
纱嘴高低与摆放位置不当	维修与调节

六、飞花

生产织物过程中，掺杂了其他颜色的纱絮或其他类型的纤维而影响质量。

1. 主要产生原因

色纱纱毛从纱飞到空中或机台的其他颜色纱线上，织入线圈，随机地分布在布面上。

2. 基本处理方法

事后清理，须从源头抓起清理可能造成其他纤维混入的各种因素（表8-2-6）。

表8-2-6　飞花产生原因及处理方法

产生原因	处理方法
当值机员吹机时，飞花可能随之织入布中	停机清理
四周漂浮的飞花附在纱线上织入布中	开启排气系统
当大纱结通过导纱器（纱嘴）时，如果纱嘴有飞花，结头会将其带入布中	多清理，保持纱路清洁
络筒分纱时没有分开颜色翻纱	分开颜色翻纱

七、横纹

横向线圈与其他横列的线圈不一（如稀密不匀），在布面上呈现横向条纹。

1. 主要产生原因

纱线（粗细纱、条干不匀、连续疵点）及松紧纱、导纱环节、成圈机件损坏或配合不当；多根纱存在部分断裂（如断拉架）；错纱会产生连续横条。

2. 基本处理方法

检查各路纱线张力是否一致，检查纱线通路是否正常；根据工艺设置检查纱线规格品种；调节压针三角的弯纱深度及一致性等。

211

八、三角针

在（单面）编织过程中，旧线圈未脱下，新纱线已经垫入，造成线圈集针呈现三角形状。

1. 主要产生原因

三角装置不当影响喂纱、吃纱快慢；三角与针间隙过大；三角、针等磨损等；针筒口间隙过大；针床安装不当，针吃纱不准确；机头导轨弯曲；针槽磨损积垢。

2. 基本处理方法

全面检查成圈机件，确认内控标准，关键在于各种产品质量的严控措施。

九、吃单纱

在编织过程中，当多股毛纱编织时，织针没有钩住全部面纱成圈，底纱形成类似架空织物的浮纱线圈，这种现象称为吃单纱。

1. 主要产生原因

三角装置不良或磨损；喂纱不当，纱线未能全部喂入；由于机械振动等造成针未全部吃纱。

2. 基本处理方法

从三角喂纱环节直接查找，检查织针的吃纱状态，同时调节纱线张力等。

电脑横机编织质量与机器状况有关，与操作也有关。为此，牢固树立质量意识和安全意识，严格遵守生产安全条例、工艺流程和操作规程，全面掌握生产状况，优质高效完成生产任务；认真做好交接班工作，掌握机台基本情况，在接交接班记录中准确、完整、清晰地传递生产信息和机台运转状况；做到勤巡回、勤检查，及时发现问题，以先易后难原则，分析产品特点，及时处理质量问题和故障停台等；做好机台维护保养，机台及周边环境清洁，保管好工具；具备团队意识，参与生产管理和工艺流程的完善，参与安全保障、降低消耗工作；不断学习专业知识，苦练操作基本功，研究和掌握先进操作法，研究和掌握生产所需不同机型、品种的操作法，为高质量操作打下坚实基础。